JN056187

講座 これからの食料・農業市場学

2

農政の展開と食料・農業市場

小野雅之・横山英信 編

筑波書房

日本農業市場学会『講座　これからの食料・農業市場学』の刊行に当たって

　日本農業市場学会では、2000年から2004年にかけて『講座　今日の食料・農業市場』全5巻（以下では前講座）を刊行した。前講座は、1992年に設立された学会の10周年を機に、学会の総力を挙げて刊行したものであった。前講座は、国際的にはグローバリゼーションの進展とWTOの発足、国内においては「食料・農業・農村基本法」制定までの時期、すなわち1990年代までの食料・農業市場を主として対象としたものであった。

　前講座の刊行から約20年が経過し、同時に21世紀を迎えて20年余になる今日、わが国の食料・農業をめぐる国際的環境と国内的環境はさらに大きく変化し、そのもとで食料・農業市場も大きく変容してきた。

　そこで、本年が学会設立30周年の節目に当たることから、『前講座』刊行後の約20年間の食料・農業市場の変化と現状、今後の展望に関して、学会としての研究成果を再び世に問うために本講座の刊行を企画した。その際に、食料・農業市場をめぐる対象領域の多面性を考慮し、以下の5巻から構成することにした。

第1巻『世界農業市場の変動と転換』（編者：松原豊彦、冬木勝仁）
第2巻『農政の展開と食料・農業市場』（編者：小野雅之、横山英信）
第3巻『食料・農産物の市場と流通』（編者：木立真直、坂爪浩史）
第4巻『食と農の変貌と食料供給産業』（編者：福田晋、藤田武弘）
第5巻『環境変化に対応する農業市場と展望』（編者：野見山敏雄、安藤光義）

　各巻・各章においては、それぞれのテーマをめぐる近年の研究動向を踏まえつつ、前講座が対象とした時期以降、とりわけ2010年代を中心とした世界とわが国の食料・農業市場の変容を、それに影響を及ぼす諸要因、例えば世界の農産物貿易構造、わが国経済の動向と国民生活・食料消費構造、食料・農業政策の展開、農産物・食品流通の変容、農業構造の変動などとの関連で

俯瞰的かつ理論的・実証的に描き出すことによって、日本農業市場学会としての研究の到達点を示すことを意図した。

　本講座の刊行に当たって、学術書をめぐる出版情勢が厳しいなかで、刊行を快く引き受けていただき、煩雑な編集作業に携わっていただいた筑波書房の鶴見治彦社長に感謝したい。

　2022年4月

　　　　　　　　　　　『講座　これからの食料・農業市場学』常任刊行委員
　　　　　　　　　　　　小野雅之、木立真直、坂爪浩史、杉村泰彦

目　次

序章

新自由主義農政の展開と食料・農業市場

1．本書の目的

　本書は、本講座全5巻のなかで、農政[1]の展開と、それが食料・農業市場や農業・農業経営と農村に及ぼした影響、そこでの問題の発現と課題について、「食料・農業・農村基本法（新基本法）」制定（1999年）を起点として、それ以降の約20年間、特に2010年以降の動向に焦点を当てて論じることを目的とする。その意味で、本書は前講座『今日の食料・農業市場Ⅱ　農政転換と価格・所得政策』（村田武・三島徳三編、筑波書房、2000年）の到達点を引き継ぎつつ、その後の約20間について検討しようとするものである。また、本書が焦点を当てる時期は、いわゆる「アベノミクス農政」のもとで食料・農業市場の新自由主義的再編が「異次元」で進められた時期に当たる（第1章）[2]。したがって、新自由主義農政の展開と、それが農業や農村、食料・農業市場に及ぼした影響が分析の焦点となる。

　この序章では、第1章以下の論述に先立って、1990年代以降の農政の動向を、その基本的な特徴に即して概観することで[3]、以下の各章の位置づけを示すことにする。そのために、新基本法制定の事実上の起点となった「新しい食料・農業・農村政策の方向（新農政）」（1992年）以降の農政の主なトピックスを表序-1に整理した。本書の論述と併せて参照されたい。

1

表序-1　農業政策等の主な動向

1992	「新しい食料・農業・農村政策の方向（新農政）」
1993	ガット・ウルグアイ・ラウンド農業合意、農業経営基盤強化促進法（農用地利用増進法から改正、認定農業者制度の創設等）、米緊急輸入
1994	主要食糧の需給及び価格の安定に関する法律（食糧法）制定（食糧管理法廃止）
1995	ミニマム・アクセス米輸入開始
1997	新たな米政策大綱、稲作経営安定対策
1998	新たな麦政策大綱、種苗法制定、農政改革大綱・農政改革プログラム
1999	食料・農業・農村基本法制定、新たな酪農・乳業対策大綱、新たな大豆政策大綱、新たな砂糖・甘味資源作物政策大綱、持続農業法制定、卸売市場法改正
2000	食料・農業・農村基本計画（第1次）、中山間地域直接支払制度導入、加工原料乳生産者補給金等暫定措置法改正（不足払いから固定払いへ）、農地法改正（株式会社を農業生産法人の一形態として位置づけ）
2001	BSE感染牛発生、水産基本法制定
2002	食品偽装表示問題多発、「食」と「農」の再生プラン、米政策改革大綱、構造改革特区法制定
2003	食品安全基本法制定、牛トレーサビリティ法制定、食糧法改正
2004	稲作所得基盤確保対策（＋担い手経営安定対策）、卸売市場法改正、消費者基本法（消費者保護基本法から改正）
2005	食料・農業・農村基本計画（第2次）、食育基本法制定、農業経営基盤強化促進法改正（リース方式による農業参入）
2006	有機農業推進法制定、経営所得安定対策等大綱、担い手経営安定法制定
2007	品目横断的経営安定対策、農地・水・環境保全向上対策
2008	農商工連携促進法制定
2009	米穀の新用途への利用の促進に関する法律制定、米トレーサビリティ法制定、農地法改正（リース方式による株式会社の農業参入全面自由化）
2010	食料・農業・農村基本計画（第3次）、戸別所得補償モデル対策、六次産業化・地産地消法制定
2011	農業者戸別所得補償制度、人・農地プラン
2012	消費者教育推進法制定、農林漁業成長産業化支援機構法制定
2013	農林水産業・地域の活力創造本部設置、農林水産業・地域の活力創造プラン、食品表示法制定、農地中間管理機構法制定、TPP交渉参加決定、農林水産物・食品の国別・品目別輸出戦略
2014	多面的機能発揮促進法制定・日本型直接支払制度開始、経営所得安定対策開始、地理的表示法制定
2015	食料・農業・農村基本計画（第4次）、都市農業振興基本法制定、農業協同組合法改正、総合的なTPP関連政策大綱、日豪EPA発効
2016	農業競争力強化プログラム
2017	農業競争力強化支援法制定、総合的なTPP等関連政策大綱決定
2018	TPP11発効、米政策改革（政策としての生産調整廃止）、卸売市場法改正、主要農産物種子法（種子法）廃止、食品衛生法・食品表示法改正、漁業法改正、生乳流通制度改革
2019	日EU・EPA発効、収入保険開始、農林水産物・食品輸出促進法制定
2020	食料・農業・農村基本計画（第5次）、日米貿易協定発効、種苗法改正、農林水産物・食品輸出拡大実行戦略
2021	みどりの食料システム戦略

資料：農林水産省『2020年版　食料・農業・農村白書』pp.364-369を基に、その他資料を参照して筆者作成。

注：1）本書に関連するものを中心に主な農業政策および関連事項を表示した。
　　2）法律等の名称には略称を用いている場合がある。また、法律は制定年に表記した。

　以下では、まず農政の規定要因となったグローバリゼーションと新自由主義農政改革の展開を概説し、そのもとでの市場メカニズムによる価格形成と経営所得安定対策、農業の成長産業化（産業政策としての農政）と農業・農村の多面的機能の発揮（地域政策としての農政）、2000年代に農政課題となった消費者政策を、それぞれ本書各章との対応を踏まえて概観する。その際に、本章で取り上げた政策と各章との対応関係を括弧書きで示した。

２．グローバリゼーションと新自由主義農政改革

（１）グローバリゼーションの深化

　1980年代半ば以降の農政を規定した第１の要因はグローバリゼーションの深化である。国際的には、ガット・ウルグアイラウンド（GUR）交渉合意（1993年）、WTO発足（1995年）、2000年代にはWTOドーハラウンドの頓挫とFTA・EPAの拡大、さらに2010年代にはメガFTA締結、と段階的に深化した。

　わが国においては、1985年プラザ合意による円高誘導、GUR農業交渉開始（1986年）、前川レポート（1986年）、農政審議会報告「21世紀に向けての農政の基本方向」（同年）がその直接の起点となる。その後は、1993年のGUR農業交渉合意受入、WTO加盟（1995年）を経て、2000年代には二国間EPA締結、さらに2010年代には日豪EPA（2015年）、TPP11（2018年）、日EU・EPA（2019年）、日米貿易協定（2020年）、RCEP（2022年）と、相次いでメガFTAが発効する。その結果、わが国の農業や食料が世界食料市場に一層深く包摂されることになった（詳しくは第１巻参照）。

　グローバリゼーションの深化のなかで、ミニマム・アクセスを受け入れた米（1999年に関税化）、輸入依存度の強い畑作物（麦、大豆）、輸入品との競合が危惧される甘味資源作物（サトウキビ、てんさい）や乳製品に対する政策対応が課題となり、1994年食糧法制定（食管法廃止）や、1997年「新たな米政策大綱」をはじめ「新たな麦政策大綱」（1998年、第６章）、「新たな大豆政策大綱」（1999年、第６章）、「新たな砂糖・甘味資源作物政策大綱（同年、

第6章）、「新たな酪農・乳業対策大綱」（同年、第8章）といった一連の新たな政策が打ち出されることになった。さらに、2010年代後半のメガFTA発効への対策として、国際競争力強化のための担い手経営の育成と、輸入拡大の影響緩和のための経営安定対策を柱とする国内対策のパッケージ「総合的なTPP関連政策大綱」（2015年）、「総合的なTPP等関連政策大綱」（2017年）が決定された。

（2）新自由主義的農政改革

　グローバリゼーションの深化と歩調を合わせて進められた新自由主義的改革が、農政を規定した第2の要因である。イギリス・アメリカで1970年代後半に始められた新自由主義政策改革は、1980年代になってわが国でも臨時行政調査会（第2臨調、1981年発足）以降、本格的に進められるようになった。それは、1980年代の民間活力の活用から1990年代の規制緩和へ、さらに2000年代の小泉内閣による「聖域なき構造改革」へと段階的に深まった。そして、2010年代には当時の安倍首相が「岩盤規制を打ち破るドリルの刃となる」と繰り返し発言したことに端的に示される「異次元」の規制改革が進められた。この過程で、国鉄をはじめ高速道路、通信（郵政、電話）、電力、水道などライフラインに関わる基幹インフラの民営化が進められたとともに、雇用制度改革による非正規労働者の増加と格差拡大・貧困化など国民生活への負の側面も顕在化している。

　農政においては、WTO体制の下で国内農業保護政策の縮小再編を余儀なくされるとともに、市場メカニズムによる農産物価格決定が徹底された。（農産物価格政策の廃止、他方での農業経営安定対策の実施、第2章）。また、株式会社の農業参入を促進するための農地法改正（2009年、第3章）、食糧法改正による米流通自由化（2004年、第5章）や卸売市場法改正（2018年、第10章）、生乳流通制度改革（同年、第8章）による流通制度改革など一連の規制改革が進められた。あわせて、政策としての米生産調整が廃止され、農業者・農業者団体が市場シグナルを踏まえて生産調整に主体的に取り組む

ものとされるようになった（2002年米政策改革大綱、2018年米政策改革、第5章）。さらに、漁業法改正（2018年）により漁業の成長産業化をめざした企業参入の促進がされている（第9章）。

3．市場メカニズムによる価格形成と経営所得安定対策

（1）農産物価格政策の廃止と市場メカニズムによる価格形成

　新自由主義農政の下で農業における規制改革が進められたが、それは市場メカニズムによる農産物価格形成の徹底へとつながった。農産物価格形成への市場メカニズムの活用は前出の1986年農政審議会報告や新農政でも強調されたものであるが、新基本法第30条第1項で「国は、消費者の需要に即した農業生産を推進するため、農産物の価格が需給事情及び品質評価を適切に反映して形成されるよう、必要な施策を講ずる」と定められたことで、この方向は決定づけられた。同時に、第30条第2項で「国は、農産物の価格の著しい変動が育成すべき農業経営に及ぼす影響を緩和するために必要な施策を講ずる」と定められており、市場メカニズムによる価格形成とその影響緩和のための経営安定対策が、2000年代以降の農産物価格政策と農業経営政策の基調となった（第2章）。

　現実の農産物価格と農業所得の動向はどうだったのであろうか。2010年までの動向をみておくと、農産物価格総合指数（2015年＝100）は1990年108.0から2010年92.9へと低下した（米は172.8から112.9へと暴落）。その反面で生産資材総合価格指数が同じ期間に78.7から90.4へと上昇したことで、農業の交易条件は悪化した[4]。農産物価格の下落に生産量の減少があいまって、農業総産出額は同じ期間に11.5兆円から8.1兆円へと減少し、生産農業所得も4.8兆円から2.8兆円へと減少した[5]。

　こうした農産物価格下落は、日本農業の縮小再編につながっただけではなく、新基本法において望ましい農業構造確立のために育成をめざした「効率的かつ安定的な農業経営」（新基本法第21条）への大きな打撃となり、経営

5

安定対策の実施が政策課題として浮上してくる。同時に、政府の政策が招いた農産物価格下落であるにもかかわらず、その責任を農協・全農や流通機構に転嫁し、農協・全農改革や農業競争力強化プログラム（2016年）に基づく流通制度改革が進められることになった。

（2）経営所得安定対策

　農産物価格下落と農業所得減少の下で大きな政策課題となった経営安定対策は、まず価格下落が大きかった稲作において、価格下落による影響緩和対策として稲作経営安定対策が実施され（1997年産の緊急対策、1998年産から本格実施）、2004年産からは稲作所得基盤確保対策（＋対象を限定した担い手経営安定対策）が実施された。さらに、2007年度からは国際価格との格差が人きい畑作物を含めた農業経営単位での経営安定対策である品目横断型経営安定対策（後に水田・畑作経営安定対策に名称変更）が実施された。これは対象を担い手（大規模農業経営）に限定したものであったため農業者の批判を受け、2009年の民主党への政権交代の一因となった。民主党政権の下で2011年度から農業者戸別所得補償制度（2010年度は米モデル事業）が実施されたが、2012年末の政権再交代により大幅な見直しが行われ、2014年度からは畑作物の直接支払交付金（ゲタ対策）と稲作を含めた収入減少緩和対策（ナラシ対策）による経営所得安定対策が、担い手を対象に実施されている（第2章）。

　メガFTAによる輸入農産物の増加を想定すると、経営所得安定対策が実効性を発揮できるかどうかは、そのために必要な財源を確保できるかが鍵を握ることになるであろう。

４．農業の成長産業化（産業政策）と多面的機能の発揮（農村政策）

（1）構造政策と農業の成長産業化

　新基本法は、食料の安定供給の確保と多面的機能の発揮を農業・農村が国民生活・国民経済に対して発揮するべき基本的役割と定め、それを農業の持

続的発展と農村の振興によって実現しようするものである。

　では、農業の持続的発展に向けた政策はどのように展開したのであろうか。

　その一つは、望ましい農業構造の確立に向けた構造政策の展開である（第3章）。望ましい農業構造の確立に向けて「効率的かつ安定的な農業経営」の育成のために認定農業者に政策的支援が集中され、集落営農にも担い手としての位置づけが与えられた。さらに農地法改正（2009年）によってリース方式による一般企業の農業参入の原則自由化も進められた。そして、これらの担い手の法人化と経営資源、特に農地の集積が推進された（人・農地プラン、農地中間管理事業）。

　もう一つは、農業の成長産業化である。農業経営の法人化・企業化の推進とともに、農業生産関連事業を含めた事業規模（ビジネスサイズ）拡大を図るために農商工連携や六次産業化が推進されている。その結果、個別の農業経営のレベルで見れば、経営耕地面積や農産物販売金額、農業関連事業収入などの面で、これまでにない大規模な農業経営が台頭してきたことが、2000年代の農業構造変動の特徴の一つである。

　しかし、国内市場の二重の狭隘化（人口減少と高齢化による国内食料市場そのものの縮小と、農産物・食品輸入増加による国産農産物の市場の縮小）のもとでは、農業全体の生産拡大には限界がある。農業総産出額は1984年をピークに趨勢的に減少傾向にあり、農業基本法で成長部門として位置づけられ、選択的拡大政策の対象となった野菜、果実、畜産物についても、産出額のピークは野菜・果実1991年、畜産物1984年であり、むしろ生産構造の脆弱化による供給不足も指摘されるようになっている（第7章）。

　そこで追求されているのが農水産物・食品の新たな市場開拓のための輸出拡大政策（第4章）であるが、アベノミクスによる円安誘導にもかかわらず加工食品を除く農水産物の輸出は期待されたところまでは増加していない。

　結果的に、農業の成長産業化は、産業としての農業全体の成長産業化ではなく、個別農業経営の経営発展にとどまっていると言って良い。

（2）多面的機能の発揮と日本型直接支払

　新基本法の眼目の一つは、農業・農村の果たすべき役割として多面的機能の発揮を位置づけ、直接支払が行われるようになったことである。これは、1980年代に円高・内外価格差拡大のもとで日本農業不要論が吹き荒れたことへの政府としての回答でもあった。

　この多面的機能発揮のための政策（地域政策）は、農業の成長産業化（産業政策）と車の両輪をなすものと位置づけられた。

　多面的機能維持・発揮のための直接支払は中山間地域直接支払制度（2000年）に始まり、農地・水・環境保全向上対策（2007年、2011年から農地・水保全管理支払と環境保全型農業直接支払に分離）が加わり、これらは2014年から「農業の有する多面的機能の発揮の促進に関する法律」に基づいた日本型直接支払制度（中山間地域直接支払、多面的機能支払（農地維持支払、資源向上支払）、環境保全型農業直接支払）として実施されている。このうち多面的機能支払は、地域農業資源の維持管理のための地域活動に直接支払を行うことによって、担い手が負担する追加的コストを抑制するという構造政策推進的な意味あいも持っているといえよう。

　ここで重要なのは、市場価値を追求する農業の成長産業化（産業政策）と非市場価値である多面的機能の発揮（地域政策）が、車の両輪として整合的に機能するための車軸を何に求めるかであろう。

5．消費者政策

　2000年代に入って農政の課題として新たに浮上してきたのは、BSE感染牛の発生（2001年）や相次いだ食品偽装表示を受けた食の安全と消費者の信頼確保である。「消費者に軸足を移した農林水産行政」をサブタイトルに掲げた「『食』と『農』の再生プラン」（2002年）以降、食品安全基本法制定とリスク分析の導入（2003年）、トレーサビリティ法制定（牛：2003年、米：

2009年）、残留農薬・食品添加物のポジティブリスト方式への転換、GAP導
入促進、HACCP導入促進など、フードチェーンを通じた食品の安全性向上
と消費者の信頼確保の取り組みが進められるようになった。

　同時に、この時期には消費者基本法（2004年）によって消費者政策が大き
く転換した。消費者は、それまでの保護対象から権利主体と位置づけられる
ようになり、規制緩和と市場メカニズムの下で自立した主体としての市場参
画が求められるようになったのである。もちろん、消費者と事業者との間に
は情報の非対称性と交渉力の格差が存在するため、消費者の自立した主体と
しての市場参画を可能にするためには条件整備が必要であり、農産物・食品
においても表示制度の改革（食品表示法制定、JAS法改正など）が行われた
（第11章）。

６．本書の構成

　以上、かいつまんで農政の動向を概観し、対応する各章を示してきたが、
ここで改めて本書の構成を紹介しておこう。
　第１章は、本書の総論部分にあたり、本書の対象である2010年代の農政（≒
アベノミクス農政）の展開と、その問題点を総括的に論じている。
　第２章以下は各論に当たるが、農政の主要課題を取り上げた章（第２章、
第３章、第４章、第10章、第11章）と、品目別の政策を取り上げた章（第５
章、第６章、第７章、第８章、第９章）からなる。前者では、第２章で2000
年代以降の農政の重要課題となった経営安定対策を、第３章では農業構造政
策を、第４章では農業の成長産業化の鍵を握るとも言える農水産物輸出政策
を、それぞれ取り上げている。そして、第10章では生鮮農水産物流通におい
て重要な役割を果たしてきた卸売市場制度改革について取り上げ、第11章で
は2000年代の農政の柱の一つとなった消費者政策を取り上げている。
　第５章から第９章では、米（第５章）、畑作物（第６章）、青果物（第７章）、
生乳・乳製品（第８章）、水産物（第９章）を対象に、品目ごとの政策展開

とそこで現れた問題点や課題が述べられている。

　なお、本書各章の論述は各執筆者の研究に基づくものであり、執筆者間の見解に相違がある場合もあるが、そこは各執筆者の見解を尊重し、あえて統一していない。

注
1）本章では、農政を便宜的に食料政策と農村政策も包含した用語として用いる。また、農業・農村を便宜的に水産業、漁業経営、漁村を包含した用語として用いる。
2）アベノミクス農政については、谷口編集代表（2015）の各章、特に総論（谷口執筆）を参照されたい。
3）本章が対象とする時期の農政展開については、田代・田畑編（2019）第7章が詳しい。
4）農林水産省「農業物価統計調査」。
5）農林水産省「生産農業所得統計」。なお、2020年には農産物価格指数が111.0へと回復したこともあって（生産資材価格指数は101.8）、交易条件もやや改善され、農業総産出額が8.9兆円、生産農業所得が3.3兆円へとやや増加している。

引用・参考文献

小池恒男編著（2019）『グローバル資本主義と農業・農政の未来像』昭和堂.
村田武・三島徳三編（2000）『講座今日の食料・農業市場Ⅱ　農政転換と価格・所得政策』筑波書房.
村田武編（2019）『新自由主義グローバリズムと家族農業経営』筑波書房.
谷口信和編集代表（2015）『日本農業年報61　アベノミクス農政の行方』農林統計協会
田代洋一・田畑保編（2019）『食料・農業・農村の政策課題』筑波書房.

（小野雅之）

「アベノミクス農政」による食料・農業市場の
新自由主義的再編

1．本章の課題

　本章で取り上げる「アベノミクス農政」とは、2012年12月から2020年9月まで7年8ヶ月続いた第2次安倍政権下で行われた農業政策を指す。それは日本経済のデフレ不況を打開するとした同政権の経済政策＝「アベノミクス」の「三本の矢」の1つである「成長戦略」の一環に位置づけられる（残りの2つは「量的金融緩和策」と「機動的財政出動」）。

　それゆえ、「アベノミクス農政」は、①グローバル化の進展を前提とした企業の国際競争力強化、②経済諸分野での規制緩和による企業の新たな投資機会の創出、を主眼に置いた「成長戦略」の性格を色濃く反映していた[1]。すなわち、日本の食料・農業市場の新自由主義的再編である。

　「新自由主義的再編」ということであれば、序章で見たような1980年代後半以降の日本農政の特徴、すなわち、「グローバリゼーション深化への対応」とそれに歩調を合わせて進められた「農業構造改革の推進＝大規模農業経営の創出」を目的とした「市場原理導入・規制緩和」という流れ自体がすでにそうだったといえる。また、2009年9月から2012年12月までの民主党連立政権の農政についても、TPP加盟交渉への前のめり姿勢を示し（農業者戸別所得補償制度はTPP参加に対する農家の反発を緩和させる役割を担う）、また、

「我が国の食と農林漁業再生のための基本方針・行動計画」（2011年10月）で「平地で20〜30ha、中山間地域で10〜20haの規模の経営体が大宗を占める構造を目指す」として経営規模拡大に向けた施策を打ち出していたことから、多分に新自由主義的性格を帯びていたとすることができる。

　ただし、曲がりなりにも、「アベノミクス農政」以前は、そこで締結されたFTA/EPAでは日本農業の重要品目は市場開放の対象外としたり、市場開放しても輸入に相当な制限をかけたりしており、また、農政における市場原理導入・規制緩和も大きく進んだものの、政府・行政が主体となって米の生産調整を行うという米生産調整政策の基本は維持され、農業生産および農業関連分野への企業の参入についても抑制的な対応が行われていた。

　しかし、「アベノミクス農政」によってこれらは相当程度に崩された。もちろん、農業者・国民の反対運動で同農政が狙うところまでには至らなかったものもあるが、同農政の下2010年代を通じて日本の食料・農業市場の新自由主義的再編は「異次元」で進められたとすることができる。

　それゆえ、「アベノミクス農政」の特徴・性格とそれが食料・農業市場にとって持つ意味を把握することは、今後の日本の食料・農業市場を展望するにあたって必要不可欠の課題である。

　本章では「アベノミクス農政」の全体像とその性格を描き出し、各政策分野や各品目の動向を取り上げる第2章以降に繋げていく。

2．「アベノミクス農政」の政策策定システム

　最初に「アベノミクス農政」の政策策定システムについて触れておこう。

　第2次安倍政権下では官邸が政策の大枠＝グランドデザインを策定し、関係省庁は「下請け」としてそれに基づく諸施策の細部を詰めるという「官邸主導」の政策策定が行われた。経済政策に関しては官邸に「日本経済再生本部」が設置され（2012年12月）、同本部が作成した「日本再興戦略」（2013年6月。以降毎年改訂。2017年・2018年は「未来投資戦略」、2019年・2020年

は「成長戦略」）が各個別経済分野のグランドデザインの大本となった。

その農業版が官邸＝「農林水産業・地域の活力創造本部」（2013年5月設置）と同本部作成の「農林水産業・地域の活力創造プラン」（2013年12月。以降第2次安倍政権下で6回改訂。以下「プラン」と略）であった。そこでは正規メンバーが財界出身者と規制改革派の学者で占められた、首相のアドバイザリーグループたる「産業競争力会議」および「規制改革会議」（2016年9月からは「未来投資会議」および「規制改革推進会議」）が「プラン」の作成・改訂を主導し、従来農業政策の策定の中心であった農林水産省は「プラン」に基づいた施策を具体化する「下請け」とされた。

このような政策策定システムは財界の要望を農業政策にストレートに反映させる役割を果たすものであり[2]、日本の食料・農業市場の「異次元」での新自由主義的再編に大きく寄与したといえる。

3．「農林水産業・地域の活力創造プラン」とそれに基づく諸施策

（1）「プラン」の概要

「アベノミクス農政」のグランドデザインたる「プラン」は農業政策を「産業政策」（農業の産業としての競争力強化）と「地域政策」（農村の多面的機能の維持・発揮）に分け、この2つを「車の両輪」として「農業・農村全体の所得を今後10年間で倍増させることを目指」すとした。

そして、①国内外の需要フロンティアの拡大（輸出促進、地産地消、食育等の推進、など）、②需要と供給をつなぐバリューチェーンの構築（6次産業化等の推進、農業の成長産業化に向けた農協の役割、など）、③生産現場の強化（農業構造改革と生産コスト削減、経営所得安定対策の見直し、米政策の改革、など）、④多面的機能の維持・発揮（日本型直接支払の創設、農山漁村の活性化、など）の4つの柱を挙げ、これを軸として農業政策を再構築するとした。①②③は産業政策、④は地域政策の性格が強いが、④は農業構造改革（＝経営規模拡大）を後押しする役割も担わされており（後述）、「車

の両輪」とは言うものの、その重心はあくまで産業政策にあった。

　そして、6回に亘る「プラン」の改訂では検討課題の具体化・追加などが行われ、これを基にして新自由主義的施策が次々と実施されていった。

（2）「プラン」に基づく諸施策の内容とその性格

　それでは、「プラン」に基づく諸施策の内容とその性格を見ていこう[3]。

1）農業構造改革、一般企業の農業参入

　農業構造改革によって農産物の生産費を削減するとして、2013年12月に「農地中間管理事業の推進に関する法律」（農地中間管理法）が制定され、2014年度から「農地中間管理事業」が開始された。

　そこでは、2023年度までの10年間で担い手（特定農業法人を含む認定農業者、認定新規就農者、市町村基本構想の水準到達者、集落営農等）の農地利用が全農地の8割を占める農業構造を実現するとして（2013年度の集積率は48.7％）、各都道府県に1つ創設される農地中間管理機構に農地貸付け希望者の所有農地に係る農地中間管理権を取得させ、その農地を効率的な農業経営を行えると同機構が判断した農地借受け希望者に貸し付けることとされた。そこには、2009年の農地法等改定によって農地借入れによる一般企業の農業参入がほぼ自由化された下、農地貸借に同機構を介在させて一般企業への農地貸付けを進める狙いもあったといえる。

　ただし、農地中間管理法案の国会審議の結果、各地域で作成される「人・農地プラン」で地域農業の担い手とされた農業経営体を市町村が農地の借受け者として選定すれば、同機構がそれを追認できる仕組みも作られた。これは「人・農地プラン」の形骸化を懸念する地域農業者の声を反映したものであり、これによって一般企業への農地貸付け推進には一定の歯止めがかけられた。さらに、農地利用集積の進捗状況が思わしくなかったことを受けて、2019年5月の同法の改定では、農業者等による協議の場の実質化、すなわち「人・農地プラン」の実質化が強調された。

第1章　「アベノミクス農政」による食料・農業市場の新自由主義的再編

これに関しては、2015年8月の農業委員会法改定で、同法に①農地利用最適化（農地利用集積・集約化など）の推進とその数値目標の設定、②農地利用最適化推進委員の新設、③農業委員会と農地中間管理機構との連携、という規定が加わり、市町村農業委員会が農地中間管理事業の支援を行う役割を担わされたことも見ておく必要がある。農業委員の選出についても公選制が廃止され、従来の選任制委員を含めて市町村長の任命制に変更された。

同改定では、農業生産法人の「農地所有適格法人」への名称変更とともに、同法人の議決権要件の変更（農業関係者以外の議決権の「4分の1以下」から「2分の1未満」への引上げ）や役員要件の変更（農作業に常時従事する者は役員または重要な使用人のうちの1人以上で可）なども行われた。その狙いは、同法人の農民的性格を極限まで弱めて、一般企業による同法人支配の強化を図ることにあると見ていいだろう。

また、2016年6月の国家戦略特別区域法改定では、5年の時限付きで農地所有適格法人以外の法人の農地所有権の取得を認める「法人農地取得事業」が創設され、一般法人の農地所有権取得の制限がさらに緩和された。

2）経営所得安定対策見直し、米政策改革

2014年度から開始された経営所得安定対策の見直しは、主要農産物を生産・販売するすべての農業経営体を価格・所得補填の対象としていた民主党連立政権の農業者戸別所得補償制度を否定して（自民党は「バラマキ政策」と批判していた）、農業構造改革を図るためとして価格・所得補填の対象となる経営体を限定することを主眼とした。ただし、以前の自公連立政権の「品目横断的経営安定対策」が「経営規模による差別」として農業者の反発を買い、2009年9月の民主党連立政権への交代に繋がった「反省」を踏まえて、今回の見直しでは対象を認定農業者・認定新規就農者・集落営農に限定したものの、経営規模要件は設けなかった。

同じく2014年度に開始された米政策改革では、農業者戸別所得補償制度下で主食用米の生産者手取価格を一定水準で保障するために行われていた「米

の所得補償交付金」（定額部分）と「米価変動補てん交付金」（変動部分）について、後者の2015年度からの廃止（経営所得安定対策の収入減少影響緩和交付金に吸収）と、前者の2014年度からの交付単価の半減（10a当たり１万5,000円から7,500円へ）および2018年度からの廃止が行われた。米政策改革は2018年度からの「行政による生産数量目標の配分の廃止」、すなわち政府・行政の米生産調整（＝減反）業務からの基本的撤退も打ち出していて（米生産調整の新たな仕組みは後述）、生産調整参加とリンクされている前者の廃止はこれに対応したものである。

　これらの施策は、米生産者自らの判断に基づく自由な生産を促し、農業の成長産業化を図るためのものとされたが、要は政府が主食用米の需給・生産調整の責任を放棄したということである。これはTPP交渉等で米までもがさらなる市場開放を求められる中、米生産調整が主食用米の市場価格維持に意味を持たなくなることを見据えて政府が先手を打ったものといえよう。

　転作作物の奨励金の交付単価は基本的に民主党連立政権下と同額で設定されたが、従来10a当たり８万円だった飼料用米の交付金は数量払いに変更され、最高で10a当たり10万5,000円になる仕組みとされた（生産量は少ないものの、米粉用米についても同様の仕組みがとられた）。そこには、米生産調整の仕組みの変更に伴う混乱を飼料用米の生産促進によって最小限に抑えたいとする政府の意図を見ることができる。

３）農協改革
　農協を農業の成長産業化に寄与するように改革するとして、2015年８月に農協法が改定された。その概要は、①農協は農業者の所得の増大を目的とし、事業活動によって利益を上げて農業者に還元する、②組合員に事業利用を強制しない、③単協の理事の過半数を原則として認定農業者や農産物販売等のプロとする、④単協の組織の一部を生協や株式会社等に組織変更できるようにする、⑤一定規模以上の単協に公認会計士監査を義務づける、⑥准組合員の農協利用規制を検討する、⑦農協中央会制度を廃止する（県中央会の農協

連合会への移行、全中の一般社団法人への移行）、⑧全農を株式会社に組織変更できるようにする、などである。

　これらは、その建前とは裏腹に、地域住民たる准組合員の利用を含めた農協事業の総合性・系統性、さらには農協の協同組織としての性格を弱めて、従来農協が大きなシェアを占めてきた農業関連市場に一般企業が参入しやすくすることを狙ったものである（②は農協攻撃のための「言いがかり」的な側面が強い）。また、⑦には、農産物市場開放をいっそう進めるために、TPP反対運動を展開した全中・県中央会の力を弱めて、「アベノミクス農政」に対する農業者の抵抗を弱めようとする狙いもあった[4]。

4）農産物輸出・6次産業化

　2015年10月のTPP大筋合意（後述）を受けて、翌11月に「総合的なTPP関連対策大綱」が公表された。そこではTPP対応のための日本農業の体質強化策としてその筆頭に輸出が挙げられ、2020年までに農林水産物の輸出額を1兆円へ倍増させるという「プラン」の目標年次が1年前倒しにされた（これに合わせて「プラン」も改訂された）。そして、2016年5月公表の「農林水産業の輸出強化力戦略」では、海外市場へのプロモーション、大量・低コスト輸送のための物流の高度化、輸出先国の輸入規制の撤廃・緩和に向けた輸出環境の整備、などの施策が打ち出された。

　また、6次産業化に関して、「プラン」は2020年度までにその市場規模を10兆円に拡大する目標を掲げた。これについて当該箇所では当初「女性や若者を含めた多様な人材を活用し、農商工連携や医福食農連携等の6次産業化を進めることにより、農林水産物の付加価値向上を図る」とされていたが、その後の改訂で「農林漁業成長産業化ファンド（A-FIVE）の積極的な活用等により、農林漁業者主導の取組に加え、企業のアイディア・ノウハウも活用した多様な事業者による地域資源を活用した地域ぐるみの6次産業化を推進する」という文言が挿入され、企業参加による6次産業化の促進という方向性が強められた。

5）農業競争力強化プログラム

　日本農業の体質強化策の一環として、2016年11月に「農業競争力強化プログラム」が公表され、その内容は同月に改訂された「プラン」にも盛り込まれた。そして、2017年の通常国会でこれを具体化するための8本の法律が制定された。

　その主な内容は、①民間企業による種子の開発・供給体制を進めるためとして、都道府県が奨励品種を指定し、その安定的な種子生産と安定供給を行う根拠であった主要農産物種子法を廃止する、②生乳生産者が出荷先を自由に選択できる制度に変更するためとして、生乳の需給調整・価格安定に重要な役割を果たしてきた加工原料乳生産者補給金交付の指定生乳生産者団体への限定を外すために畜産物経営安定法を改定する、③良質・低廉な農業資材供給および農産物流通合理化を実現するためとして、国が農業生産関連事業の再編や新規参入を促進する措置を行うための農業競争力強化支援法を制定する、④輸出や6次産業化のリスクによる収入減少を補償対象に含めるためとして、収入保険制度導入のために農業災害補償法を改正する、⑤農地の集積・集約化を進めるためとして、農地中間管理機構の借入農地の圃場整備に係る農地所有者等の負担をなくし、事業実施への同意を不要にするために土地改良法を改正する、⑥輸出拡大を図るためとして、日本農林規格の対象を産品の品質から製法、管理方式、測定・分析方法に拡大し、また国際通用性のある認証の枠組みを整備するためにJAS法を改正する、などである[5]。

　これらは農業分野への企業参入促進のための追加的施策、または先に見た諸施策の補強策として捉えられる。なお、③に関して、政府から全農に対して、委託販売から買取販売への転換に取り組むこと、農業生産資材の価格引下げや農産物の有利販売に向けて数値目標を含めた年次計画を公表することなどの要求がなされたが、これは②と併せて、農協の共同購入・共同販売体制を弱化させ、企業参入の余地を拡大することを狙ったものである。

　また、同プログラムが挙げていた卸売市場制度改革については、2018年6月に卸売市場法が改定され、地方公共団体に限定されていた中央卸売市場の

民間法人による開設可能化、「商物一致原則」および中央卸売市場の「第三者販売禁止」「直荷引き禁止」に関する規定の削除（国による規制は行わず、各市場の判断に委ねる）、などが行われた。そこには卸売市場を企業の使い勝手のよい物流センターにしようとする狙いを見ることができる[6]。

6）日本型直接支払制度

　2014年度に開始された日本型直接支払制度は、従来の施策の継続である「中山間地域等直接支払交付金」「環境保全型農業直接支払交付金」、従来の「農地・水保全管理支払交付金」を組み替えた「多面的機能支払交付金」（「農地維持支払交付金」と「資源向上支払交付金」）からなる。これらはそれぞれ仕組みや交付対象は異なるものの、総じて地域活動や営農活動への助成を通じて農業の多面的機能を発揮させることを目的としているとしていいだろう。ただし、それら制度には集落コミュニティの共同管理等を通じた農地の維持によって規模拡大に取り組む担い手の負担を軽減することも期待されており、農業構造改革を後押しする性格も付与されたのである。

4．FTA/EPAをめぐる動向

（1）FTA/EPAの締結・発効の推移

　2012年12月の総選挙で自民党はTPP（環太平洋連携協定）加盟交渉参加に前のめりだった民主党連立政権を批判し、「国益を損ない、農林漁業を崩壊に導いてまでも、TPP交渉に参加する必要は絶対ありません」というスローガンを掲げて農家の支持を取り戻し、選挙に勝利した。しかし、政権再交代後、第2次安倍政権はすぐにこれを翻して2013年3月にTPP加盟交渉参加を表明し、2015年10月の大筋合意を経て2016年12月にTPP承認案を国会で成立させた。その直後、トランプ政権下でアメリカがTPPを離脱したため、TPPは協定内容の修正が必要になったが、これについても第2次安倍政権は2017年11月の修正案＝TPP11の大筋合意を受けて2018年6月にTPP11承認案を

成立させた（同年12月発効）。

　その一方で、第2次安倍政権はTPPを離脱したアメリカの要請に応じて2018年9月に日米貿易協定交渉を開始し、1年後の2019年9月に最終合意をして、同年12月に同協定承認案を成立させた（2020年1月発効）。また、TPPとは別にオーストラリアとの間で2007年4月から行われていた日豪EPA（経済連携協定）交渉について14年4月に大筋合意し、同年11月に同EPA承認案を成立させた（2015年1月発効）。さらに2013年4月からはEUとの間で日EU・EPA交渉を開始し、2017年7月の大枠合意を経て2018年12月に同EPA承認案を成立させた（2019年2月発効）。

（2）日豪EPA、TPP（11）、日EU・EPA、日米貿易協定の概要

　それらのEPA/FTAは以下のように、日本の農産物市場の対外開放を大きく進めるものであった[7]。

1）日豪EPA

　米は関税撤廃等の対象から除外され、食糧用小麦は将来見直し（飼料用小麦は民間貿易に移行して無税化）とされたものの、牛肉は関税の大幅削減が行われた（冷凍は協定発効後18年目までに49％削減して19.5％に、冷蔵は15年目までに39％削減して23.5％に）。乳製品は、バターと脱脂粉乳が将来見直し、チーズ類のうちブルーチーズが10年目までに関税を20％削減、他のチーズは関税割当導入とされた。砂糖は将来見直しとされた。

2）TPP（11）

　TPPでは、国会決議で除外・再協議の対象とすることとされた重要5品目（米、麦、牛肉・豚肉、乳製品、甘味資源作物）について、それらの加工品・調整品を含めたタリフラインの29％で関税が撤廃され、残り71％の多くでも関税引下げや輸入枠の設定などが行われた。

　5品目の「本体」については、米は国家貿易を維持するものの、アメリカ

とオーストラリアにSBS（売買同時入札）方式の国別枠を設定し、また、WTO枠のミニマムアクセスの一般輸入の一部をアメリカ産米が中心となる中粒種・加工用に限定したSBS方式に変更した。食糧用麦は、アメリカ・カナダ・オーストラリアへの国別枠（小麦）・TPP枠（大麦）を新設するとともに、WTO枠を含めて協定発効後9年目までにマークアップを45％削減するとした（飼料用麦は民間流通に移行して無税化）。牛肉は16年目までに関税を76％削減して9％にするとし、豚肉は高級肉の関税を10年で撤廃し、加工肉の関税（差額関税）も10年で90％削減する、とされた。乳製品では、バター・脱脂粉乳に低関税枠が新設され、ホエイは関税撤廃、一部のチーズの関税も撤廃された。甘味資源作物では、加糖調整品の各品目ごとにTPP枠が設定され、でん粉にはTPP参加国からの現行輸入量が少ないものに国別枠が設定された。

　重要5品目以外の品目はほとんどが関税撤廃となり（撤廃率98％）、撤廃を免れたものでも関税引下げや新規輸入枠の設定が求められるなど、市場開放の度合いは日豪EPAを上回った。農林水産物全体で見るとタリフラインの82％で関税が撤廃されることになり、従来にない高水準での市場開放となった。この内容からアメリカに関する諸規定を除外したものがTPP11ということになる。

3）日EU・EPA

　農林水産物全体ではTPP並みの関税削減・撤廃が行われた。米はその対象から除外されたものの、ソフト系チーズ（枠内関税の協定発効後16年目撤廃）、スパゲティ・マカロニ（関税の11年目撤廃）、ワイン（関税の即時撤廃）などはTPP以上の市場開放になった。

4）日米貿易協定

　農林水産物の関税削減・撤廃の対象品目はTPPと同じであり（関税撤廃率はTPPよりは低い37％）、引下げ後の関税率もTPPとほぼ同水準である。重

要5品目の扱いも米が除外された以外はTPPとほぼ同じである。

　なお、同協定発効時からアメリカにはTPP11参加国と同じ関税率が適用され、国別枠やマークアップ引下げの達成年度もTPP11と同じとされていて、TPP11よりも発効が遅れた分をアメリカに取り戻させる仕組みになっている。日米貿易協定とTPP11を合わせれば、農産物については米や一部品目を除いてTPPとほぼ同様の内容になったといえる。

5.「アベノミクス農政」下の日本農業をめぐる動向

　以上見てきたように、「アベノミクス農政」の諸施策は「プラン」の内容をほぼそのまま具体化したものであり、それゆえ、それらは農業およびその関連分野への企業の参入促進を狙う財界の要望に沿った内容のものであった（国会審議等を通じて「プラン」の内容が修正されたものも若干はあるものの）。また、同農政下で締結・発効したFTA/EPAは、従来にない水準で日本の農産物市場をさらに対外的に開放するものであり、その対応策の中軸には輸出拡大戦略が据えられ、他の諸施策の多くはこれに資するものとして位置づけられた。

　つまり、「アベノミクス農政」の政策論理は、グローバル化対応としての農産物市場開放を当然の前提として、「プラン」に基づいた諸施策によって「強い日本農業」を作り、輸出拡大によって日本農業の展望を開く、というものだったと捉えることができる[8]。

　しかし、このような諸政策は日本農業の展望を開くものになるのだろうか。これについて、「アベノミクス農政」下の日本農業の動向を「プラン」が打ち出した目標に照らし合わせながら検討してみよう（以下の数値はとくに断らない限りは農林水産省の統計・資料による）。

　最初に、「プラン」のメイン目標である「農業・農村全体の所得を今後10年間で倍増させる」であるが、これについては、そもそも「農業・農村全体の所得」の定義や倍増した際の所得額がどの政策文書でも示されていないと

いう根本的問題がある。それゆえ、これについては評価のしようがないが、関連するものとして農業総産出額と生産農業所得を見ると、前者は2012年の8兆5,251億円から2017年の9兆2,742億円に5年間で8.8％増加し、そのもとで後者も同期間に2兆9,541億円から3兆7,616億円に27.3％増加した。ただし、これは2010年代に高水準で推移した国際農産物価格の影響を多分に受けたものであり、統計的にも主要品目の生産量は決して増加しておらず、減少したゆえに価格が上昇した側面もある。2018年以降になると農業産出額・生産農業所得の双方とも減少し、前者は2018年9兆558億円→2019年8兆8,938億円（2017年対比4.1％減）、同期間に後者は3兆4,873億円→3兆3,215億円（同11.7％減）となっており、農業所得については「10年で倍増」はほぼ不可能であることがわかる。

　このような中、供給熱量食料自給率は2012年度の39％から2019年度の38％に下落した（2018年度は37％）。また、同期間に耕地面積は454万9,000ha→439万7,000ha（3.3％減）、作付延べ面積は418万1,000ha→401万9,000ha（3.9％減）、農業就業人口は251万3,600人→168万1,100人（33.1％減）、基幹的農業従事者数は177万7,900人→140万4,100人（21.0％減）といずれも減少しており、後二者の高齢化（平均年齢65.8歳→67.0歳、同66.2歳→66.8歳）にも歯止めはかかっていない。2012年に5万6,500人だった新規就農者数は2015年・2016年に6万人を超えたが、2017年〜2019年は5万5,000人台に止まっている。農業経営体については、政府が重点を置く大規模経営や組織経営体の増加は見られるものの（経営規模10ha以上の農業経営体は2012年5万2,700→2019年5万7,600、同期間に組織経営体は3万1,200→3万6,000）、農業産出額・作付延べ面積などの推移からわかるように、それは日本農業全般の生産力低下を補うものにはなっていない。

　農業構造改革に関して、担い手への農地利用集積率は2013年度の48.7％から2019年度の57.1％まで8.4ポイント増加したが、増加率は年々鈍化しており、2023年度までの8割集積という目標の達成はほぼ絶望的である。

　農林水産物の輸出については、2019年まで1兆円を目指すとした目標は達

成できなかったものの、2012年の4,497億円（農産物は2,680億円）から2019年の9,121億円（同5,877億円）へと大きく増加した。しかし、そこには、①輸出額の増加には金融緩和による円安も関係している、②「ソース混合調味料」「清涼飲料水」など「農産物」とは言いがたいものが輸出額の上位を占めている、③輸出額が大きい菓子や小麦粉などの原料の多くは輸入農産物である、など輸出額の増加がそのまま国内農業生産の増加に繋がるものにはなっていないという問題がある[9]。

　6次産業化の市場規模については、2013年度の4.7兆円から2019年度の7.6兆円へ6年間で2.9兆円、62％増加したものの、2020年度目標の10兆円まではまだ大きな開きがある（なお、2021年12月の「プラン」改訂では「2020年度目標10兆円」が削除され、2020年度の市場規模も算出されないことになった）[10]。加えて、6次産業化推進の中心的機関として位置づけられたA-FIVE（国と民間の共同出資による投資会社）は、投資実績が増えず、累積損失が多額に上ったために、2020年度末での新規投資の停止に追い込まれた。これは農業者・企業とも6次産業化に大きな期待を持っていないことの現れであり、事実、A-FIVE等が出資した事業者の中で利益が出ている者は約3割に過ぎなかった[11]。

　主食用米については、その流通がほぼ完全に自由化した2004年以降、生産数量目標に照らして超過作付けが生じており、「アベノミクス農政」開始後の2013年産・2014年産とも2万5,000ha前後の超過作付けがあったが、2015年産ではそれがなくなった。これは、先述した飼料用米の転作奨励金交付単価の引上げによって、飼料用米作付け面積が2014年産の3万4,000haから2015年産の8万haへと一挙に増加したことによる。しかし、それは2017年産の9万2,000haをピークに2018年産から減少し、2020年産では7万1,000haになった。これには2018年産からの政府の米生産調整業務からの基本的撤退が大きく影響している。

　飼料用米の転作奨励金は数量払いであるため、単収の関係で10a当たり10万5,000円という最高額を受け取れる地域は限られており、銘柄米産地では

第1章 「アベノミクス農政」による食料・農業市場の新自由主義的再編

主食用米を生産した方が有利であるために、政府・行政による生産数量目標の配分が廃止されて生産調整の「縛り」が緩くなれば、飼料用米から主食用米への作付回帰が生じることは当然であった。2018年産からは政府に代わって地方自治体や農協などで組織された都道府県農業再生協議会や地域農業再生協議会が主食用米の生産数量の「目安」を示して生産調整の推進に当たっているが、2018年産・2019年産・2020年産とも主食用米の作付け面積（138万6,000ha・137万9,000ha・136万6,000ha）は政府が示した適正生産量（735万t・726万t・717万t）を平年収量（10a当たり532kg・533kg・535kg）で除した面積（138万200ha・136万2,000ha・134万ha）を上回った。

このもとで2015年産以降回復してきた主食用米の全銘柄平均相対価格は2018年産・2019年産では微増・横ばいに転じ（60kg当たり2017年産1万5,595円→2018年産1万5,688円→2019年産1万5,720円）、2020年産では下落傾向になっている（2021年8月1万3,830円）。2020年産についてはコロナウィルス感染症拡大による2019年産米の消費低迷がもたらした主食用米の在庫量の増加の影響もあるが、この間の価格下落の背景に超過作付けの再燃があることを見ておく必要がある。

日本型直接支払制度の取組面積に目を向けると、（ア）「中山間地域等直接支払交付金」は2012年度の68万2,000haから2014年度に68万7,000haに増加したが、その後は急傾斜地を中心に減少し、2019年度は66万5,000haとなった。（イ）「環境保全型農業直接支払交付金」は2012年度の4万1,000haから2017年度の8万9,000haへと大きく伸びたが、2018年度・2019年度は8万haを割り込んだ。（ウ）「多面的機能支払交付金」については、①「農地維持支払交付金」が2012年度の145万5,000haから2019年度の227万4,000haに、②同期間に「資源向上支払交付金（地域資源の質的向上を図る共同活動）」が145万5,000haから201万4,000haに、③同じく「資源向上支払交付金（施設の長寿命化のための活動）」の取組面積が34万8,000haから74万1,000haに増加している。わかるように、取組面積は（ウ）こそ伸びているものの、（ア）（イ）は2010年代半ば以降減少に転じている。ただし、（ウ）の①と②は2019年度に減少傾向に

25

転じており、今後の推移が懸念される。以上のような動向は高齢化・人口減少で交付対象となる活動を行うことが困難になっている日本農業・農村の現状を反映したものといえる。

FTA/EPAが農産物輸入に及ぼす影響については、日豪EPA以外は発効後まだ時間がそれほど経過しておらず、またコロナウィルス感染症による消費減少の影響もあるため、現時点においてそれを検討するに当たっては慎重さが求められる。ただし、日米貿易協定について言えば、2020年1月の発効以降、アメリカ産牛肉の輸入量は大きく増加し、2021年3月には同協定で規定されているセーフガードが発動されるなど、その影響はすでに顕在化していると言っていいだろう。

6．本章のまとめと今後の展望

以上、「アベノミクス農政」の特徴・性格とそれが日本の食料・農業市場にとって持つ意味を検討してきた。

2010年代における国際農産物価格の高水準での推移もあって「アベノミクス農政」のもとで農業総産出額・生産農業所得は2017年まで増加し、2018年以降減少に転ずるものの、2019年時点ではまだ同農政スタート時の水準を上回っている。また、「プラン」に基づく諸施策やTPP11等の諸協定の影響もタイムラグの関係でまだ明確にはなっていない。

しかし、先に触れたように「アベノミクス農政」の日本農業への影響はその端緒がすでに現れ始めており、そこに日本農業・農村のいっそうの衰退の前兆を見ることはできても、今後の発展の芽を見いだすことは難しい。これは、食料・農産物市場の対外的開放および市場原理導入・規制緩和の大幅な推進によって食料・農業市場の新自由主義的再編を「異次元」で行ってきた同農政の必然的帰結である。

農業が全体として比較劣位にある日本農業を維持・再生するには、食料・農産物の輸入抑制は不可欠である。これを行うことなしに、経営規模拡大・

企業参入のさらなる推進によって維持・再生を行うことはできない。というのも、そもそも農業の採算性が低いもとでは経営規模拡大のためのインセンティブが働かないのであり、仮に経営規模が拡大したとしても、それはイコール「国際競争力の獲得」にはならないからである。また、企業の方が農家＝家族経営よりも優れた市場対応力を発揮するという経済学的根拠もない[12]。

　したがって、今後の日本農政に求められるのは、食料・農産物輸入を抑制することを前提として、農家＝家族経営を日本農業の政策対象の軸に据え、その採算性を改善していくための経営所得安定対策を再構築していくことであろう。

　しかし、現状はこれとは逆に、「アベノミクス農政」後も、国会で日英EPA承認案やRCEP協定承認案などが成立させられ、また、登録品種について農家の自家増殖を一律禁止し、アグリビジネスによる農家支配を強化する種苗法の改定が行われるなど、農政の基調に変化は見られない。日本農業の維持・発展に向けた農政の転換が求められている。

注

1）アベノミクス成長戦略の性格については、二宮（2014）を参照のこと。
2）安倍農政の財界奉仕的特徴については、谷口（2015）が詳しい。また、農業政策策定における産業競争力会議と規制改革会議の役割については、横山（2015）を参照のこと。
3）以下の6つの施策のうち、1）、2）、3）については、2013年12月の「プラン」の決定を受けて、同月に農林水産省が公表した「4つの改革」（「農地中間管理機構の創設」「経営所得安定対策の見直し」「水田フル活用と米政策の見直し」「日本型直接支払制度の創設」）で打ち出されたものでもある。
4）田代（2017a）を参照のこと。
5）これについては、田代（2017b）がポイントを簡潔にまとめている。
6）三國（2018）を参照のこと。
7）この間のFTA/EPAの内容・特徴については、東山（2019）が簡潔にまとめている。
8）この点、安倍農政について日本農業を「国民的農業」から「世界農業」へ再編させるものと捉える磯田（2019）の指摘が注目される。
9）横山（2019）を参照のこと。

10) 日本農業新聞2022年 6 月20日。同紙によると、農林水産省は「6 次化で生産者の売り上げは伸びたが、利益には結び付いていない」と説明したとのことである。6 次産業化をめぐる動向については、上原（2019）も参照のこと。
11) 総務省（2019）p.95，p.147。
12) 横山（2022）を参照のこと。

引用・参考文献

東山寛（2019）「メガFTAと日本農業」『経済』第282号，新日本出版社，pp.77-87.

磯田宏（2019）「新自由主義グローバリゼーションと国際農業食料諸関係再編」『食料・農業・農村の政策課題』筑波書房，pp.41-82.

三國英實（2018）「卸売市場をめぐる攻防」『経済』第273号，新日本出版社，pp.134-145.

二宮厚美（2014）「グローバル競争主義に走る安倍成長戦略」『経済』第229号，新日本出版社，pp.69-82.

総務省（2019）『農林漁業の 6 次産業化の推進に関する政策評価書』.

谷口信和（2015）「アベノミクス農政の『全体像』」『日本農業年報61　アベノミクス農政の行方』農林統計協会，pp.1-22.

田代洋一（2017a）「安倍政権の農協『改革』とTPP」『経済』第257号，新日本出版社，pp.111-122.

田代洋一（2017b）「農業競争力強化プログラム関連法が狙うもの」『経済』第265号，新日本出版社，pp.83-94.

上原啓一（2019）「農林漁業の 6 次産業化に関する政策の現状と課題」『立法と調査』（参議院調査室）第416号，pp.108-119.

横山英信（2015）「政権再交代後における日本農政の再編とその基本的性格」『アルテス・リベラレス』（岩手大学人文社会科学部紀要）第96号，pp.93-113.

横山英信（2019）「これが『農産物輸出の促進』の内実」『現代農業』第98巻第 1 号，農山漁村文化協会，pp.302-305.

横山英信（2022）「小農経営の特徴を踏まえた現代日本農業問題の経済理論的検討—現状分析のための理論的視座の提示—」『農業問題研究』（農業問題研究学会）第53巻第 2 号，pp.6-16.

（横山英信）

第2章

経営安定対策の展開と課題

1．経営安定対策の定義と本章の課題

　わが国の農政の体系は先進国農政に特有の農業保護政策を一つの柱としており、それは国内助成と国境措置の組み合わせとして構築されている。本章で取り上げる「経営安定対策」は国内助成の範疇に含まれ、本来はわが国における農業の持続的な再生産を保証する仕組みとして機能するものでなければならない。そうした基本的な観点から政策研究の対象として取り上げるべきものが、経営安定対策である。

　その際、あらかじめ留意すべきことがふたつあるように思われる。一つは、ひと口に経営安定対策と言っても、それが包括する具体的な施策はひじょうに幅広いことである。例えば、それを品目別の対策と品目横断的な対策というかたちで分類することも可能である。また、生産費を基準に取った不足払い的な仕組みを持つものと、価格下落時に激変緩和措置として機能するセーフティーネット的な対策がある。このような分類軸がいくつか思い浮かぶものの、本章では経営安定対策を網羅的に扱うことはしない。

　そこで、本章が扱う経営安定対策をひとまず定義しておくこととしたい。経営安定対策とは、恒常的にコスト割れしている品目を対象として、その再生産を保証することを目的に、生産費を基準に取った不足払い的な仕組みを

もつもの、としておきたい。

　このような定義を採用した時に、対象となる代表的な品目は普通畑作物である。その場合、普通畑作物がなぜ恒常的なコスト割れの状態にあるのかが問題となるが、まさしくこの点が市場構造との関わりを持ってくる。周知のように、わが国の主要な農畜産物の中でも普通畑作物の自給率は極めて低く、圧倒的な輸入依存体質が定着している。それを深層で規定しているのは、安価な輸入原料への依存を深めている国内の加工資本である。したがって、恒常的なコスト割れの真の要因は、国産品の価格形成が輸入品（原料）の価格水準にさや寄せされており、それとのリンクを断ち切れない市場構造にある。このことが、不足払い的な仕組みを要請する基本的な背景である。

　さて、今ひとつの留意点は画期区分の設定である。まず、上述した定義を念頭に置いた際、経営安定対策の起点をどこに置くのかが問題となる。それは、2007年にスタートした品目横断的経営安定対策（以下、品目横断対策）であろう。品目横断対策は「生産条件格差是正対策（ゲタ）」と「収入変動影響緩和対策（ナラシ）」のふたつから構成され、畑作４品目を対象とした前者が不足払い的な仕組みに当たる。

　この対策は新法の制定を伴っており、政府は2006年の第164回国会で「農業の担い手に対する経営安定のための交付金の交付に関する法律」（担い手経営安定法）を成立させた。したがって、本来は根拠法に基づく固定的な運用がなされても良かったはずであるが、その後の10数年間の動きを振り返ってみても、いくつかの画期をともなう変遷がある。まずはその画期ごとの特徴を押さえて、変化の流れの中に貫いているものを見出しておきたい。わが国における望ましい経営安定対策を構想する上でも必要な作業である。

　以上のように本章では2007年を起点として、2010年代を通じた期間に至るまでの経営安定対策の変遷をフォローして、わが国における経営安定対策の基本的な性格を押さえるとともに、望ましい政策を構想するための示唆を得ることを課題としたい。前述したように、主要な対象は普通畑作物であり、分析期間を長く設定できる唯一の品目群である。

　以下では、およそ4年ごとに巡ってくる画期に対応した3つの節を設けて、具体的な分析をおこなっておきたい。

2．経営安定対策の出発点：品目横断対策（2007年）

　周知のように、わが国の主要な農畜産物の国境措置はガット・ウルグアイ・ラウンド（1986 ～ 93年）を経て、1995年からWTO体制の下に置かれることとなった。WTO体制のもとでの国境措置は「例外なき関税化」を基本としており（当初は米を除く）、主要な農畜産物は軒並み高関税品目の扱いとなった。そして、WTOは最初の約束期間（1995年から2000年までの6年間）で関税率を全体で平均36％、個別品目ごとに最低15％の引下げを実施することも約束内容に盛り込んだ。ただし、2001年以降の関税の扱いについては、新ラウンド交渉に委ねることになったのである。

　その後、これも周知のように、WTO新ラウンド交渉は2001年11月のドーハ・ラウンドとして立ち上がり、2004年7月に枠組み合意に至ったが、次のステップであるモダリティを確立する前に交渉自体が中断してしまった（2008年末）。モダリティは関税の具体的な削減方式等、各国に共通に適用されるルールを定めるものである。

　いずれにしても、WTO新ラウンド交渉が中断する以前は、国境措置のいっそうの引下げは不可避の状況とみられていた。このモダリティにかかわる最初の議長案が提示されたのは2007年7月であり、品目横断対策のスタートはこれと軌を一にしている。つまり、WTO新ラウンド交渉の「決着」を見据えた自由化（国境措置の引下げ）に臨む対応として、国内価格の引下げと直接支払いによる補填に舵を切ったのが品目横断対策だったのである。

　したがって、品目横断対策は畑作物価格支持政策の「全面的見直し」という内容を含んでいる。直接支払いの対象品目は麦（以下、取り上げるのは小麦のみ）、大豆、てん菜（以下、ビートと呼称）、でん粉原料用ばれいしょ（以下、でん原ばれいしょと呼称）の4品目である。これらの品目に対する価格

支持政策は、品目横断対策がスタートする直前の状況をとって見ておけば、小麦が予算補助に基づく麦作経営安定資金（以下、麦経）、大豆が大豆交付金（大豆交付金暫定措置法）、原料農産物であるビートが最低生産者価格（糖価調整法：砂糖の価格調整に関する法律）、でん原ばれいしょが原料基準価格（農安法：農産物価格安定法）である。また、製品であるてん菜糖は、輸入糖・異性化糖との価格調整制度による国内産糖交付金（糖価調整法）、ばれいしょでん粉も買入基準価格が定められているが（同様に農安法）、関税割当制度のもとで輸入とうもろこしとの「抱合せ措置」が講じられてきた。

　品目横断対策への移行にともなう一連の法制度改正は、2016年に「農政改革３法」として成立し（担い手経営安定法、改正主要食糧法、改正糖価調整法）、それと同時に前述の麦経、大豆交付金、行政価格および抱合せ措置は軒並み廃止となった。また、改正糖価調整法は新たにでん粉を取り込み、砂糖と同様の調整金制度に移行したのである。直接支払いへの移行という点で言えば、小麦・大豆については麦経・大豆交付金が「ゲタ」にスライドすることを比較的イメージしやすいが、製品の加工・販売を通じて間接的に価格支持が行われてきた原料農産物の場合はいささか複雑である。

　詳述は避けるが、原料農産物であるビート・でん原ばれいしょは小麦・大豆とは異なり、生産費をカバーする「価値通りの販売」を行う仕組みが維持されていた（東山　2007, pp.3-5.）。繰り返しになるが、ビートは行政価格を保証した上で、加工業であるてん菜糖業のコスト割れを同じく糖価調整制度に基づく「国内産糖交付金」がカバーするかたちをとっていた。でん原ばれいしょについては、抱合せによりでん粉の行政価格が保証され、生産者と加工業（農協系統工場など）の双方にコスト割れを起こさないような仕組みが維持されていたのである。

　品目横断対策への移行は、こうした「価値通りの販売」を行う仕組みを最終的に解体し、輸入価格を織り込んだ市場価格形成に移行することを意味している。また、関連して政府買入制度についても付言しておきたい。小麦の場合は2005年産以降の民間流通への実質的な完全移行を踏まえて、改正主要

食糧法において政府買入制度は廃止された。また、主要食糧に次ぐ重要農産物の位置づけをもっていたでん粉は、1977年を最後に政府買入は行われていなかったが、農安法の廃止により制度上の仕組みが失われたのである。

　次に、品目横断対策の具体的な仕組みを整理して述べておくこととしたい。冒頭で述べたように、品目横断対策は生産費を基準にとった不足払い的な仕組みであり、コスト割れを補填する交付金を「ゲタ」と称した。そして、ここでもWTOルールとの整合性を意識して、デカップリング的な仕組みを導入した点に大きな特徴がある。具体的には、一定の方式に基づいて算定した支援水準を、デカップリング支払いである「緑ゲタ」とカップリング支払いである「黄ゲタ」のふたつに切り分けることとした。そして、前者の緑ゲタは過去実績に基づく土地（面積）当たり支払い、後者の黄ゲタは当該年の生産に基づく数量払いである。過去実績に基づくデカップリング支払いは、本格的な経営安定対策として初めて制度化されたもので、それだけを取り出してみれば画期的と言って良いかもしれない。ただし、以下に述べるようにひじょうに複雑な仕組みでもある。

　デカップリング支払いである「緑ゲタ」は、2004〜06年の価格支持にかかわる支援対象数量（過去実績）を面積換算して支払われる（支払いの基準となる面積を「期間平均生産面積」と称した）。この場合の支援対象数量は、小麦が先述した麦経の対象数量と政府買入数量の合計、大豆が交付金対象数量であり、これ自体はシンプルである。他方、折しも2004年以降の過剰問題を抱えてきたビートは、出荷数量に国内産糖交付金の交付対象比率（0.946）を乗じた数量とされた。でん原ばれいしょについても、従前の抱合せ仕向け分の比率（0.626）を乗じた数量に限定している。

　これにより、4品目を生産してきた生産者個々の支援対象数量が確定するが、それを面積換算する際に用いる単収水準は、市町村単位の「実単収」を用いることとした。この時点では、土地当たりの支払いであるがゆえに面積換算という手続きを経ることが必要になっているが、この限りで違和感はない。

次に、具体的な支援水準の算定の問題について述べておきたい。品目横断
対策の支援水準は、2005年10月の「経営所得安定対策等大綱」で示された「大
綱ルール」に基づいて算定することとなった。それは「主産地の一定規模以
上の農家の全算入生産費と平均販売収入額との差額を措置する」という比較
的シンプルな表現であり、ここで初めて全算入生産費を基準にとった不足払
い的な仕組みであることが明らかにされた。ただし、生産費をとる対象を「主
産地の一定規模以上の農家」に限定するのは選別主義的な面もあり、高コス
トの生産者を対象から外すことで支援水準を引き下げる方向にも働く。また、
具体的な地域や面積規模も最後までブラックボックスのままであったが、こ
の点が目立った争点となることはなかった。

具体的な支援水準を初めて明らかにしたのは、2006年7月の「経営所得安
定対策等実施要綱」の中においてであるが、食料・農業・農村政策審議会経
営分科会（同年8月2日開催）の手続きを経て正式に決定された。これらの
資料により、算定基礎をまとめて示したのが**表2-1**である。

表2-1　支援水準と算定基礎（2007年品目横断対策）

	小　麦	大　豆	ビート	でん原ばれいしょ
単　　収（kg／10a）	388	203	5,760	4,350
販売価格（円／60kg・t）	2,704	7,509	8,910	3,862
販売収入（円／10a）①	17,486	25,405	51,322	16,800
生　産　費（円／10a）②	57,840	54,312	92,652	69,728
支援水準（円／10a）	40,400	28,900	41,300	52,900
〃　　　（円／60kg・t）	6,250	8,540	7,170	12,160
緑ゲタ（円／10a）	27,740	20,230	28,910	37,030
黄ゲタ（円／60kg・t）	2,110	2,736	2,150	3,650

資料：農林水産省「経営所得安定対策等実施要綱」（2006年7月）
　　　食料・農業・農村政策審議会経営分科会資料（2006年8月2日）
注：1）小麦・大豆の単位は60kg、ビート・でん原ばれいしょはトン（以下同じ）。
　　2）支援水準は②－①で算定されている。
　　3）黄ゲタの単価は実施要綱記載の標準的な品質区分に対応したもの。

まず、〈生産費－販売収入〉により支援水準が算定され、10a当たり単価が
小麦4万400円、大豆2万8,900円、ビート4万1,300円、でん原ばれいしょ
5万2,900円に設定されていることがすべての出発点である（以下、便宜的

に全国単価と呼称）。その上で、支援水準は緑ゲタと黄ゲタに切り分けられる。その比率は結局7：3に落ち着いたが、これ自体に特段の根拠があるわけではない。さらに、実際に支払われる緑ゲタは定額の地域別単価、黄ゲタは品質区分に応じた全国一律単価が設定された。

　緑ゲタの地域単価は市町村単位に設定され、2016年8月7日付けで公表された。上記の審議会説明資料によれば、その算定は「各市町村の豊凶の影響を受けていない平年的な収穫量水準」「農業災害補償制度において算出される市町村ごとの単収」を用いたとされている。すでに全国単価は表出のように算定されているため、この説明の限りでは算定基礎の全国平均単収と市町村の平年的単収を用いて比例計算を行い、地域単価を設定したものと推察された。

　しかしながら、その後に公表され、改訂が重ねられた「水田・畑作経営所得安定対策の概要」（いわゆる「雪だるまパンフ」）の記載によれば、緑ゲタの地域単価は「全国一律の数量当たり単価×市町村の共済単収」により算定されていると表現された[1]。考え方としてはこちらの方がシンプルだが、前者の「数量単価（全国一律単価）」を算定基礎から改めて算出しておけば、小麦（60kg当たり）が4,290円、大豆（同）が5,979円、ビート（1t当たり）が5,019円、でん原ばれいしょ（同）が8,513円である。そして、後者の「共済単収」は、都道府県が共済組合単位に設定するいわゆる「通知単収」の算定プロセスで用いている数値であることが推察されたが、これ自体は非公表であり、ここにもブラックボックスがあった。

　以上のような支援水準にかかわる仕組みをまとめておくと、緑ゲタの算定方式がはらんでいる問題は「共済（平年的）単収」と、過去実績（期間平均生産面積）の算出に用いられる直近の「実単収」に乖離が生じていた地域があったことである。乖離する要因は、共済（平年的）単収の計算の際に、過去の「7中5平均」をとるなどして、期間を相対的に長くとっているからである。

　この乖離について簡単な算式を示しておくと、過去実績（数量）をP、期

間平均生産面積の計算に用いる実単収をYr、前記の全国一律の数量単価をC、緑ゲタの地域単価の算出に用いる共済（平年的）単収をYnとすれば、緑ゲタの受取額（M）は以下のような算式で示される。

$$M = (P ／ Yr) × (C × Yn) = (P × C) × (Yn ／ Yr)$$

この場合、〈P×C〉をそのまま受け取ることができれば問題ないが、〈Yn／Yr〉であらわされる市町村の「共済（平年的）単収」と「実単収」の間に乖離が生じており、前者が低位であれば支援水準（緑ゲタ）はその分ディスカウントされることになる。そして、生産者が受け取る対象品目の支援総額は旧制度と比べても減額となり、制度本来の趣旨である「不足払い」としての機能にも支障を来すことになる。この点が、いわゆる「ゲタ不足」の問題として表面化するのである。

また、今ひとつの問題は「ゲタなし」への対応であった。緑ゲタの支払いは、既存の過去実績をカバーするものであり、その後の規模拡大に際してはゲタの移動が円滑に進められる必要がある。しかしながら、農地の出し手が保有しているゲタは対象品目の作付けや生産の実績に応じて一様ではなく、受け手が拡大した農地で対象品目を生産したとしても、十分なゲタが措置されない場合があり得る。これも制度本来の趣旨にそぐわない現実であった。

この「ゲタ不足」と「ゲタなし」の問題については、生産者のレベルで対応できる性質のものではないため、政策としての是正措置が講じられた。詳述は避けるが、品目横断対策を補完するような各種の関連対策を措置したことである（東山 2010, pp.89-90.）。ふたつの問題のうち、「ゲタなし」については当初から認識されていた問題であり、2007年度当初予算から関連対策が措置された。もう一つの「ゲタ不足」問題への対処はやや遅れて、2007年度補正予算から対策が始まった。この「ゲタ不足」問題への対処が必要であった主要な品目は、先述した実単収との乖離が相対的に大きかった小麦である。

以上のように、わが国の農政史上、本格的な経営安定対策の起点となる品目横断対策は、WTO新ラウンド交渉の進展という環境下で構想され、その

仕組みもWTOルールとの整合性を意識したデカップリング型直接支払いを中心にしたものであった。「緑ゲタ」「黄ゲタ」という呼称自体が、WTO農業協定に由来する「グリーン・ボックス」「アンバー・ボックス」を意識したものである。

　しかしながら、緑ゲタの支払いを過去実績に基づく土地当たりの支払いとして設計したことにより、対象品目の当年産の生産に対する不足払いという制度本来の趣旨にそぐわない現実を生み出したことも事実である。それが、生産者の責に帰することはできない「ゲタ不足」の問題である。この要因はひとえに、WTOルールとの整合性を意識したデカップリング型の制度設計にあったと言えよう。このことが、2011年の制度改革につながっていくのである。

3．カップリング支払いへの転換:戸別所得補償の本格実施（2011年）

　周知のように、2009年8月の総選挙で民主党への政権交代が行われ、2012年12月の総選挙による再度の政権交代まで民主党政権が続いた。このもとで、経営安定対策も一定の変質を遂げることになる。

　民主党政権による国内助成の中心に位置するのは「戸別所得補償制度」であり、2010年から当初予算による「戸別所得補償モデル対策」がスタートした。その柱はふたつあり、①米戸別所得補償モデル事業（以下、モデル事業）と、②転作助成の水田利活用自給力向上事業である。前者は米に対する直接支払いであり、その意味では画期的なものといえる。発想も不足払いであり、わが国の米生産が「恒常的なコスト割れ」の状態にあるという認識から出発している。

　モデル事業の仕組みは「標準的な生産費」と「標準的な販売価格」の差額を「定額部分」として支払うもので、シンプルな不足払い的仕組みである。生産費は全国平均のコスト、販売価格は同じく全国平均の相対取引価格に基づいて算定され、これ自体もシンプルであった。具体的には、生産費が約

１万3,700円（60kg当、以下断らない限り同じ）、販売価格が約１万2,000円で、差引1,700円が「恒常的なコスト割れ相当分」とされた（農林水産省　2011, pp.163-164.）。不足払いに当たる定額部分は、土地（面積）当たりの全国一律単価による支払いであり、全国平均単収を用いて10a当たり１万5,000円に設定された。

　さらに、当年産の価格下落により、定額部分を加えてもなおコスト割れとなる場合は、それを補填する「変動部分」も措置することとした。事実、初年の2010年は米価の下落により変動部分も発動され、10a当たり１万5,100円が支払われた。2010年産の相対取引価格は翌年１月までの出回りで１万2,723円（60kg当）、ここから流通経費等を差し引いて１万263円が農家手取り価格とされた。これは制度設計時に想定していた上記の標準的な販売価格（１万1,978円）より1,715円低い水準である。この変動部分も全国一律単価による土地当たりの支払いとなるため、単収水準530kgで換算し、交付単価（10a当たり１万5,100円）が設定された。これ自体もシンプルな仕組みを採用していると言えよう。

　このモデル事業による直接支払いがたどった経過を先んじて述べておくと、再度の政権交代による大幅な見直しがあり、変動部分を支払う仕組みは2013年を最後に廃止された。また、定額部分は2014年から10a当たり7,500円に単価が半減され、2017年を最後に廃止されている。したがって、当初設計通りの仕組みは４年間実施されただけの短命であった。

　次に、本題の畑作物について述べておきたい。戸別所得補償のスタートは2010年であるが、畑作物は１年遅れて2011年の「本格実施」からこれに組み込まれた。その際、従前の品目横断対策をそのまま引き継ぐのか、それとも何らかの改変を加えるのかが当然問題となる。結論から言えば、品目横断的対策がもっていたデカップリング支払いは継承せず、カップリング支払いに純化したのが戸別所得補償下の経営安定対策であった。

　最大の変更点は、当年産を対象とした「数量払い」としたことである。品目横断対策もカップリング支払いである「黄ゲタ」の仕組みをもっていたが、

戸別所得補償は「緑ゲタ」を廃止して、これだけを残した。

　支援水準の算定は、全国平均の「標準的な生産費」と「標準的な販売価格」の差に基づいており、上述した米のモデル事業と同様である。ただし、前者は全国平均の全算入生産費がとられており、「主産地の平均作付面積以上の生産者」の費用をとった品目横断対策とは異なる。助成は全国一律単価に基づく支払いであり、算定方式も含めてシンプルな仕組みに改変された。

　公表資料から４品目の算定基礎をまとめておくと**表2-2**のようになる[2]。

表 2-2　支援水準と算定基礎 （2011 年戸別所得補償の本格実施）

	小　麦	大　豆	ビート	でん原 ばれい しょ
単　　収　（kg／10 a ）	412	203	6,280	4,437
販売価格　（円／60kg・ t ）①	2,458	7,296	9,723	5,700
生　産　費　（円／10 a ）	60,561	62,953	101,284	76,775
〃　　　（円／60kg・ t ）②	8,820	18,607	16,128	17,300
交付単価　（円／60kg・ t ）	6,360	11,310	6,410	11,600

資料：農林水産省「農業者戸別所得補償制度概算決定参考資料」 （2010 年 12 月）
注：1 ）支援水準 （交付単価） は②－①で算定されている。
　　2 ）交付単価は「平均交付単価」として示されているもの。

　支援水準の算定は、文字通りのコスト （単位数量当たりの生産費） から販売価格を差し引いたものが交付単価として示される。品目横断対策の単位数量当たり支援水準と比べてみれば （前出・**表2-1**）、小麦が＋110円 （60kg当）、大豆が＋2,770円 （同前）、ビートが△760円 （トン当）、でん原ばれいしょが△560円 （同前） となり、品目によって「メリット感」は異なるのかもしれない。ただし、品目横断対策と決定的に異なるのは、数量払いに完全移行したことで増収へのインセンティブが高まることである。北海道の畑作農業を念頭に置けば、このことをメリットとして捉える生産者の方が多数派であったと思われる。

　2011年の戸別所得補償の「本格実施」は、経営安定対策を完全なカップリング支払いに転換し、この性格が2010年代を通じて引き継がれることになる。これにより、前自民党政権下の品目横断対策は、結局４年間の短命に終わる

こととなった。ただし、根拠法であった担い手経営安定法に手が加えられたわけではない。民主党は戸別所得補償法案の成立を目指していたが、結局は新法制定に至らず、最後まで予算措置であった。数量払いを基本とした内容に法改正を行ったのは、政権交代後の自民党である（改正法は2014年6月成立）。

　関連して、民主党政権が抱えていたもう一つの大きな課題は、TPPへの参加検討を最初に表明したことである（菅直人政権、2010年10月）。この時点でWTO新ラウンドはすでに念頭にはなく、焦点はTPPに移っていた。表明直後の2010年11月に閣議決定した「包括的経済連携に関する基本方針」は「国内生産維持のために消費者負担を前提として採用されている関税措置等の国境措置の在り方を見直し、適切と判断される場合には、安定的な財源を確保し、段階的に財政措置に変更することにより、より透明性が高い納税者負担制度に移行することを検討する」と書き込んだ。

　国境措置の引下げに踏み込むのであれば、経営安定対策の拡充をセットで考えなければならない。結果的にWTO新ラウンド交渉は停滞してしまったが、品目横断対策のスタートもまさにそうであった。民主党政権はTPP参加と戸別所得補償の拡充をセットで考えていたようにも見えるが、実際にはTPP参加をめぐって党内がまとまらず、この問題をこれ以上前に進めることはできないまま再度の政権交代を迎えることになった。

　その上で、2010年代を通じた現局面において、いちばん大きな出来事は2015年10月のTPP大筋合意である。これに伴い、経営安定対策も新たな局面を迎えている。項を改めて論じておくこととしたい。

4．経営安定対策の拡充と財源問題：TPP大筋合意と対策大綱（2015年）

　2012年12月の総選挙を経て発足した第2次安倍政権は、2013年3月にTPP交渉への正式参加を表明し、12カ国は秘密交渉を経て2015年10月に大筋合意に至った。協定への署名は2016年2月4日に行われ、各国は国内手続きに入

った。日本は2016年９月に召集された臨時国会でTPP協定の審議を開始し、最終的には12月９日の参院本会議で協定の承認案・関連法案を可決、国内手続きはこれで完了した。しかし、2017年１月に発足したアメリカ・トランプ政権は就任初日にTPPからの離脱を表明し（１月20日）、12カ国によるオリジナルのTPP協定は発効しないまま2020年代を迎えている。

　ただし、農業分野を含む「メガFTA」の流れがこれで終わったわけではない。周知のように、日本はアメリカを除く11カ国によるCPTPP協定を主導的にまとめ上げ、2018年12月30日に発効させた。また、TPPと同時並行で進めていた日EU・EPAも直後に発効させている（2019年２月１日）。アメリカのTPP復帰を望む日本のポジションは変わっておらず、CPTPPと日EU・EPAの発効を急いだのもそうした意図からである。これらふたつのFTAは、農業分野を含む国境措置の扱いでTPP協定と基本的に同じ水準を踏襲しており、アメリカの不利性をアピールすることに狙いがあったと思われる。にもかかわらず、日本はトランプ政権の求めに応じて二国間の日米貿易交渉をスタートさせてしまい（2019年４月）、結局は発効に至っている（2020年１月１日）。アメリカは遅れて日本とのFTAを締結したにもかかわらず、最も重視している牛肉などではCPTPPの競合国（オセアニアおよびカナダ）と直ちに同じ待遇を獲得することになった。したがって、日米貿易協定もTPPと同じ水準である。

　これら３つのメガFTAが出揃ったかたちで2020年代を迎えているのが今の日本の状況であるが、本章の主題に即して言えば、2015年の大筋合意とそれにともなう国内対策の検討を通じて、経営安定対策の拡充にかかわる骨格は出来上がっている。以下では、その要点を記しておくこととしたい。

　まず、政府は2015年10月５日の大筋合意をうけて直ちに国内対策の検討に入り、11月25日に内閣官房TPP政府対策本部は「総合的なTPP関連政策大綱」（以下、対策大綱）を発表した。その後、定量的な影響試算を公表している（12月24日）。

　農業への影響試算は、農畜産物19品目を対象としている。影響試算の前提

は３つあり、①品目ごとに「競合するもの」と「競合しないもの」に区分、②価格への影響について、「競合する部分」は関税削減相当分、「競合しない部分」は価格低下率をその２分の１と想定、③生産量への影響については「国内対策の効果を考慮」する、とした。この結果、生産量への影響は「ゼロ」と見積もられ、影響（損失）はすべて②の価格低下から生じる。影響試算は「対策」を踏まえて作成されており、発表の順番も対策大綱が先でなければならなかった所以である。

　この対策大綱は農業分野の品目別の対策を「経営安定・安定供給のための備え（重要５品目関連）」というかたちでまとめ、「米」「麦」「牛肉・豚肉、乳製品」「甘味資源作物」の順にその内容を記している。ここでは、本章の主題に即して麦と砂糖について取り上げておくこととしたい[3]。

　まず、小麦について見ると、影響試算が示している価格低下の要因はマークアップの削減であり、輸入麦の価格低下が国産品の全量に波及することを想定している。価格低下額＝マークアップ削減相当分は約7.8円/kgである。TPP合意では、小麦のマークアップを１年目に16.2円/kg、最終年の９年目に9.4円/kgの水準に引き下げることを約束しており、合意内容はマークアップの「45％削減」と説明されてきた（農水省資料）。小麦の試算では、マークアップの削減がストレートに影響額として示されている。その上で対策大綱は、「マークアップの引下げやそれにともなう国産麦価格が下落するおそれがある中で、国産麦の安定供給を図るため、引き続き、経営所得安定対策を着実に実施する」と書き込んでいる。結局は、経営安定対策の「着実な実施」と書き込むしかなかったわけであるが、ここで浮上する新たな論点は財源確保の問題である。

　対策大綱や影響試算が作成された時点で、経営安定対策の支援水準は2014年からの見直し単価が適用されており、小麦が平均6,320円/60kg、二条大麦が平均5,130円/50kg、六条大麦が平均5,490円/50kg、裸麦が7,380円/60kgに設定されている。そこで、農水省が公表している経営安定対策の支払実績（2014年度）によれば、小麦の支払数量は全国で82万483ｔ、二条大麦が４万

9,189ｔ、六条大麦が４万1,275ｔ、裸麦が１万3,806ｔで、これに先ほどの平均単価を乗じれば、小麦が約864億円、二条大麦が50億円、六条大麦が45億円、裸麦が17億円となる。2014年度の助成額は計976億円と推計され、このうち小麦が89％とほぼ９割を占めている。

　他方、農水省が公表している「麦の需給に関する見通し」（2016年３月）の添付資料によれば、国内産麦振興費は2014年度で974億円であり、上記の推計値とおよその辻褄が合う（数値は「麦の参考統計表」の42ページ）。同資料によれば、これに対応する保護財源である「外国産麦売買差益」（政府管理経費を除く）は772億円であり、差引202億円のマイナスであることが示されている。この分は、一般会計からの持ち出しになっていると思われる。

　その上で、政府がTPP影響試算の関連資料として公表した内閣官房ほか３省「関税収入減少額及び関税支払減少額の試算について」によれば、麦のマークアップの総額は2014年度で894億円である。これがマークアップの削減で１年目に45億円、最終年（９年目）で402億円の減収となることが示された。これに上記のマイナス分（202億円）を加味すれば、国内産麦に対する保護財源は恒常的に600億円を超える赤字を抱えることにもなりかねない。対策大綱は「着実な実施」をうたうが、財源問題は経営安定対策の存続にかかわる重大な懸念事項と言わざるを得ない。

　次に、砂糖について見ておきたい。影響試算が扱っている価格低下の要因はふたつあり、①加糖調製品の関税割当の拡大、②高糖度粗糖で設定されている調製金の削減である。いずれも、国内で製造されている輸入粗糖由来の精製糖の価格低下が、国内産糖に波及することが想定されている。

　加糖調製品はこの時点で年間50万ｔ程度輸入されているとみられるが（農水省「品目別参考資料」2015年11月、23ページ）、TPP合意では新たに6.2万ｔ（１年目）、最終年の６〜11年目に9.6万ｔの関税割当を約束している。影響試算では、この加糖調製品の砂糖部分が、国内で製造されている輸入糖（粗糖）由来の精製糖（120万ｔ）の６％を代替するとした。これによる需要の縮小が、精製糖の価格低下を招来することが想定されている。また、高糖度

粗糖について、TPP合意による調整金の削減は「98.5度以上、99.3度未満」の高糖度粗糖を対象としており、関税を無税とした上で、調整金は一般粗糖（98.5度未満）の「1.5円安」とすることを約束している（東山　2016, pp.30-32.）。精製糖業界は一般粗糖よりも調整金水準が低く、歩留まりの高い高糖度粗糖への置き換えを進めることを想定したとみられる。なお、影響試算は①による価格低下額を５円/kg、②によるそれを２円/kgとしている。

　対策大綱は「国産甘味資源作物の安定供給を図るため、加糖調製品を新たに糖価調整法に基づく調整金の対象とする」ことを示した。これは糖価調整法の改正を必要とし、2016年の通常国会にTPP関連法案の一つとして提出されている。意図するところは追加的な財源の確保であり、ここでも財源問題が焦点となっている。

　砂糖にかかわる調整金収入の総額は500億円程度とされている（農水省資料）。関連して、農畜産業振興機構が定期的に公表している「砂糖の調整金徴収及び交付金事業別・地域別の支払実績と収支状況」によれば、2014事業年度の調整金収入は532億円、これに「その他収入」の91億円を合わせると、砂糖勘定の収入は623億円となる。支出については、①サトウキビに対する甘味資源作物交付金（188億円）、②製造事業者に対する国内産糖交付金（207億円）、③国庫納付金ほか（197億円）に区分され、計592億円である。国内産糖は、サトウキビが品目別対策で、ビートは経営安定対策の対象である。したがって、③の国庫納付金のなかに経営安定対策の財源に向けられる部分が含まれる。この限りで、2014年度の砂糖勘定の収支は差引31億円のプラスとなっているが、過去の累積赤字を背負っているため、期末残高は237億円のマイナスとなっている。

　砂糖の場合は新たな財源確保の手段を講じることにしたとはいえ、それは精製糖業界が支払う調整金負担の軽減と相殺されると見るのが現実的であり、調整金収入全体の増加に結びつくわけではない。他方、国内生産への影響は麦と同様に経営安定対策でカバーするしかなく、ここでも財源確保の問題が懸念される。

本節の冒頭で述べたように、メガFTAによる関税引下げのプロセスは2019年からすでに始まっている。国境措置の引下げにともなう影響が現れるのはこれからであり、長期的なスパンの中で見極めていくしかない。経営安定対策とのかかわりで言えば、新たな論点として浮上しているのは財源問題である。国境措置の引下げにともなう保護財源の喪失と、経営安定対策を着実に実施していくための財源確保をどのように両立させていくのかが、問われ続けなければならない論点として浮上したと言えよう[4]。

5．わが国農政における経営安定対策の特質と課題

以上のように本章では、経営安定対策を「恒常的にコスト割れしている品目を対象として、その再生産を保証することを目的に、生産費を基準に取った不足払い的な仕組みをもつもの」と定義した上で、2007年の品目横断対策を起点にとり、2011年の戸別所得補償の本格実施、2015年のTPP大筋合意と関連対策というおよそ4年ごとに巡ってくる画期に即して、わが国の経営安定対策を特徴づけてきた。最後にこれらを踏まえて、指摘しておきたいことは次の3点である。

第1に、経営安定対策は国境措置の引下げとセットで構想され、制度設計がなされてきたことである。品目横断対策はWTO新ラウンド、戸別所得補償の本格実施はTPP参加を強く意識していた。その際、順番は経営安定対策が先で国境措置の引下げが後に来る。そして、経営安定対策は一時的な施策ではなく、恒久的な仕組みとして構想されるのを基本としてきた。品目横断対策については恒久法の新法を制定し、戸別所得補償は立法化を果たせなかったが、従前に代わる恒久的な仕組みを構想していたのは確かである。本章では触れることができなかったが、その後のTPP対策においても畜産物は予算補助（マルキン）や暫定措置法（加工原料乳）から、恒久法の畜産物価格安定法に移行している。

第2に、デカップリング型の制度設計は、端的に日本に馴染まないという

教訓を残したことである。デカップリング支払いは、当時（WTO発足時）の全般的過剰の状況を反映した歴史的産物にすぎない。今日的観点から相対化して捉え、その認識を後戻りさせないことが必要である[5]。

　最後に第3に、不足払い型の経営安定対策の持続性をめぐる最大の焦点が、財源問題になっていることを改めて強調しておきたい。横並びのメガFTAがもつTPP水準の譲歩は、保護財源の喪失を必然にする。この点も含めて、TPPに踏み込んだ政府の責任はひじょうに重いと言わざるを得ない。「対策」を前提に国内生産への影響をゼロと見積もった政府の責任の重さを、常に問い続けていく必要がある。

注
1）執筆時点で参照したのは、2008年2月20日時点の版である。
2）2011年からの「本格実施」に伴い、そば・なたねも直接払いの対象品目に加わったが、本章では触れていない。
3）TPPの約束内容と影響については、東山（2017）を参照されたい。
4）この点については、作山（2019）の指摘も参照されたい。
5）この点については、田代（2019）の指摘も参照されたい。

引用・参考文献
東山寛（2007）「品目横断対策下の北海道農業と今後の課題」『農業・農協問題研究』第37号，2-14.
東山寛（2010）「農業所得問題と経営政策の課題」『農業と経済』2010年1月臨時増刊号，pp.83-91.
東山寛（2016）「増産・増反機運に逆行するTPP大筋合意：ビートを中心に」『農村と都市をむすぶ』2016年2月号，pp.27-32.
東山寛（2017）「TPP合意内容の検証と農政運動の課題」（小林国之編著『北海道から農協改革を問う』所収）筑波書房，pp.19-52.
農林水産省（2011）『平成23年版　食料・農業・農村白書』農林統計協会.
作山巧（2019）『食と農の貿易ルール入門』昭和堂，pp.218-222.
田代洋一（2019）「平成期の農政」（田代洋一・田畑保編『食料・農業・農村の政策課題』所収）筑波書房，pp.298-300.

（東山　寛）

第3章

農業構造政策の展開
―食料・農業・農村白書から―

1. 本章の課題

　本章の課題は、2010年代以降を中心に農業構造政策の展開を分析すること
である。その方法として毎年発刊される食料・農業・農村白書での記述を用
いて整理をしていきたい。本来であれば、政策決定のプロセスや評価に関わ
る議論、例えば農林水産省における各委員会、あるいは規制改革会議になど
における議論に基づく分析が求められているところだと思われるが、本章を
担当する執筆者の非力な分析能力では貫徹が困難である。よって拙稿では、
「（政府は、毎年、）国会に、食料、農業及び農村の動向並びに政府が食料、
農業及び農村に関して講じた施策に関する報告を提出しなければならない
（食料・農業・農村基本法14条）」とされる白書を、広く国民向けにアナウン
スされる（と想定される）報告書であるものとして、それを用いて、本章の
課題とされている農業構造政策および担い手政策の展開を分析していく[1]。
　次に、分析の対象とする範囲を提示したい。1999年に施行された食料・農
業・農村基本法により、食料、農業および農村に関する施策の総合的かつ計
画的な推進を図るため、食料・農業・農村基本計画は、10年後を見通してお
おむね５年ごとに基本計画を変更することになっている。それにより、直近
では2020年に５期目となる食料・農業・農村基本計画が2030年を目安とした

計画を示したところである。本書では、2010年代の展開を整理することが求められているが、それ以前からの連続性を意識するためにも一つの目安となる食料・農業・農村基本法以降である2000年を起点として追いかけ、2010年以降を総括する形で分析を行っていきたい[2)]。なお、本稿では白書の年は西暦で記載しているが、農林水産省のデータベース上では和暦で掲載されていることを注意していただきたい[3)]。

2．到達点としての2020年農業センサスと本稿の分析視角

　政策の展開を振り返る前に、2020年農業センサスの結果から直近の到達点を確認したい。橋詰[4)]は2020年11月に公表された概数値から、以下の6点を指摘している。①農業経営体数および販売農家数の減少率が2割を超え、過去最高の減少率となった（都府県の増減分岐点が5〜10haに上昇）、②販売金額1位部門が「稲作」の経営体が大幅に減少するとともに、「露地野菜」や「果樹」の経営体の減少率も上昇（家族農業労働力の高齢化が進んでいる経営部門で減少）、③個人経営体における基幹的農業従事者の減少率が2割を超え、50歳代および60歳代では4割前後の減少、④経営耕地面積の減少率は5％台の後半だが、地目別に見ると田と樹園地での減少率が上昇、⑤離農の進んだ地域（販売農家数の減少率が大きい地域）ほど、借地により上層規模の経営体に農地が集積されており、また、これら上層規模の経営体の面積シェアが高い地域ほど、この5年間の集積速度が速い、⑥農業集落での寄り合い開催割合がすべての議題において低下し、開催回数も減少したのに対し、地域資源の保全に関する共同活動は前回に引き続き上昇している。

　これらの動きが確認された一方で、橋詰が同稿で振り返っている2015年農業センサス[5)]の動向は、①農家数の減少率が過去最大となる中、土地持ち非農家の不在村化の動きが加速、②組織経営体の増加と法人化が地域差を伴いつつも全国的に進展した、③農業後継者がいる販売農家割合が急激に低下し、経営継承の危機が深まった、④家族労働力の高齢化と減少によって、総

投下農業労働力に占める組織経営体の比重が増大するとともに、労働力不足を雇用労働力（常雇）で補完する動きが強まった、⑤借地による農地流動化や大規模経営体への農地集積は着実に進んだが、その速度は鈍化、耕作放棄地の増加によって農地面積総量の減少傾向が強まる兆しがうかがえた、⑥農業集落の縮小（総戸数や農家数の減少）が進んでいるにもかかわらず、集落での活動（寄り合いの開催や共同作業の実施など）には活発化する動きがあった、と分析されている。

　さて、新たな農業・農村・基本計画の定めにおける「担い手」は、効率的かつ安定的な農業経営（主たる従事者が他産業従事者と同等の年間労働時間で地域における他産業従事者とそん色ない水準の生涯所得を確保し得る経営）になっている経営体およびそれを目指している経営体（①「認定農業者」、②将来認定農業者となると見込まれる「認定新規就農者」、③将来法人化して認定農業者となることも見込まれる「集落営農」）の両者を併せて、「担い手」としている。基本計画の定める「担い手」には、現状で全国の6割の農地が集積されており、2030年にはそれらの「担い手」に8割の農地が集積されることを目標としている。

　2020年農業センサス（確報）によれば、都府県の経営耕地面積規模別面積で、20ha以上の農業経営体による農地集積は2015年（15.3％）から2020年（21.7％）となり6.4ポイント上昇した。全国の経営耕地面積規模別面積では、10ha以上の経営体に55.3％の農地が集積されており、土地利用型経営体以外の「担い手」への集積も考慮すると、基本計画の定める「担い手」への農地集積という点では急速に進みつつあるといえよう。しかし、「担い手への農地集積」は誰にとっての「望ましい農業構造」なのだろうか。

3．農業構造政策の展開—食料・農業・農村白書から—

（1）食料・農業・農村基本法制定直後

　それでは、2000年（平成11年度）の白書[6]からみていきたい。1995年農

業センサスの結果から、「主業農家の経営耕地面積が総経営耕地面積に占めるシェアは39.2％、農家以外の事業体によるシェアは1.5％となっており、経営耕地面積の約6割が農業依存度の低い農家等によって担われている実情にある（2000年白書 pp.155-156（以下00年 pp.155-156と記載））」と同時に、大規模層への農地の移動は「都府県における3 ha以上の純集積率は1985年の15.7％から1998年には40.1％へと上昇しており（00年 p.157）」、「このような流動化の背景には、農地流動化推進員等による集落や市町村段階における農地利用調整活動の展開や農地保有合理化事業の活用等、農地の出し手と受け手の間を円滑につなぐ取組がある。農用地利用改善団体や地域農業集団等の活動等地域住民が一体となった組織的な取組によって、認定農業者等の担い手への農地集積が進んでいる事例も各地にみられる（00年 p.158）」というように、既存の集落や自治体における利用調整による担い手への農地流動化が評価されていた。しかし、「大規模経営層への農地集積が増加する傾向が続いているものの、いまだ全体としては農業構造を大きく変えるには至っていない（00年 p.158）」としている。

　2001年の白書では、章として農業構造への言及はされていないが、第1次小泉内閣（2001年4月〜翌年9月）の期間に発行された2002年の白書では、農業構造、構造改革等の単語が頻出しており、戦後の日本で農業構造改革が進まなかった理由と、今後進めるべきである理由とその方向性が示されている（02年 pp.105-113）。2000年3月に食料・農業・基本計画とともに示された「農業構造の展望（2010年）」では、総農家数は1999年の324万戸から2010年の230〜270万戸へ減少することが望ましいと展望し、減少傾向にある主業農家（65歳未満の農業専従者あり48万戸）を、さらに「効率的かつ安定的な農業経営」（家族農業経営33〜37万戸、法人・生産組織3〜4万組織）へ再編・集約し、それらの経営体に6割の農地が集積されることが望ましいとしていた（02年 p.110、03年 p.101）。2003年の白書では、1995年センサスから2000年センサスへの変化から、昭和一ケタ世代（2000年時70歳前後）に注目し、その世代がリタイアすることで放出される農地が適正に利用されるよ

う政策的にてこ入れすることが求められるとしていた。具体的には、「効率的かつ安定的な農業経営」の育成である。

2001年8月には「農業経営政策に関する研究会」における議論を踏まえ、農業経営に関連する施策の見直し・再編の方向性を示した「農業構造改革推進のための経営政策」を取りまとめ、「育成すべき農業経営」の明確化と施策の集中化・重点化の考え等が示された。当初、「育成すべき農業経営」は認定農業者のいる農業経営を基本としていたが（02年 p.111）、集落営農についても議論が進められ、2002年12月に取りまとめられた「米政策改革大綱」において、集落型経営体（集落営農のうち、地縁的な結合関係の強い一定の範囲の農地をまとまって利用し、生産から販売、収益配分まで組織として一元的に経理を行い、主たる従事者が、市町村の基本構想で定められている所得水準を目指し得るとともに、一定期間内に法人化する計画を有する等の条件を満たし、経営体としての実態を有するもの）についても各種支援策の対象となった（03年 p.108）。

2004年白書では、「第Ⅱ章　農業の持続的な発展と構造改革の加速化（04年 pp.104-188）」に農業経済の動向、農業構造改革の推進、需要に応じた生産の推進という構成で、国内の農業経済が悪化している傾向を踏まえ、いっそうの「効率的かつ安定的な農業経営」に農業資源を集中させ、これらの経営体が農業生産の応答部分を担う「望ましい農業構造」を確立することへの必要性を挙げている（04年 pp.108-117、122）。

以上、食料・農業・農村基本法制定後の白書を2004年までみてみた。大きな流れとして、「育成すべき農業経営」を明確化し施策を集中させる形で構造政策を進める方向に舵を切っていた。それが政策として行われたのが「品目横断的経営安定対策」である。

（2）品目横断的経営安定対策前後

品目横断的経営安定対策は、2002年白書において「農業構造改革推進のための経営政策」における議論から、「構造転換に取り組む経営の価格変動リ

スクを軽減するセーフティネットの整備」として、農産物の価格変動にともなう収入または所得の変動を軽減する「経営所得安定対策」という形で検討が行われていた（02年 p.141）。

　その後具体化していく中で、2004年白書では、「2002年に決定された「米政策改革大綱」を踏まえ、2004年度から、生産調整を実施するすべての者を対象に「稲作所得基盤確保対策」が講じられるとともに、米価下落による稲作収入の減少が大きい担い手を対象に、これらに上乗せして「担い手経営安定対策」が講じられることとなっ（04年 p.133）」た。それまでは価格政策を中心に、農産物価格の変動に対応した品目別の価格補填や、諸外国との生産条件格差を補正することにより、農業経営の安定を図る対策が導入されてきたが、これらの対策は、「幅広い農業者を対象としているために、構造改革の推進や需要に応じた生産の誘導等の機能が十分発揮されていない面があった（05年 p.144）」ため、「現行の品目別の施策について、構造改革の加速化を図る観点から、対象となる担い手を明確化し、その経営の安定化を図る対策に転換」することになった。

　水田作だけでなく、輪作による畑作のように諸外国との生産条件の格差が大きく、かつ複数の作物を組み合わせた営農類型については、品目別ではなく経営全体に着目した品目横断的政策を講じることが適切だとされ、「諸外国との生産条件の格差を是正するための対策となる直接支払」と、「過去の作付面積に基づく支払いと各年の生産量・品質に基づく支払いと各年の生産量・品質に基づく支払い」による需要に応じた生産の確保や生産性向上が期待され、「収入の変動による影響の緩和対策」については引き続き検討されることとなった。そして、この政策の対象となる担い手は、認定農業者のほか、集落営農組織のうち、一元的に経理を行い法人化する計画を有するなど、経営主体としての実体を有し、将来、効率的かつ安定的な農業経営に発展すると見込まれるものが基本とされた。小規模な農家や兼業農家もそのような組織に参画することにより、政策の対象になることができる。それが2007年から導入されることが明示された（05年 p.144）。

　2005年に定められた新たな食料・農業・農村基本計画の「農業構造の展望（2015年）」では、総農家数は2004年の293万戸から2015年の210 ～ 250万戸へ減少することを展望し、「効率的かつ安定的な農業経営」（家族農業経営33 ～ 37万戸、法人経営１万戸、集落営農経営２～４万組織）へ再編・集約し、その他の販売農家や自給的農家については、集落営農の組織化・法人化の際に組み込まれることが望ましいとした（05年 p.143）。

　2006年白書では、2005年センサスの結果から、「経営耕地面積規模別に各階層の農家が保有する田の面積をみると、5.0ha以上層が保有する面積が全体に占める割合は、5.0 ～ 10.0ha層を中心として、2000年の10.2％から2005年の15.2％へと、増加傾向が続いている（06年 p.131）」として、大規模層への農地集積が進んでいるとみる一方で、品目別にみた農業産出額の農家類型別シェアからは、コメの産出額は野菜や果樹、畜産等の他品目と比較して、主業農家のシェアが４割と準主業農家と副業的農家によるシェアが高い状況にあり、「水田農業における担い手への経営資源等の集中が遅れている（06年 p.131）」と指摘した。また、「品目横断的経営安定対策」の本格的導入に向けて、2006年白書では制度の説明や質疑応答に紙面が割かれている（06年 pp.134-138）。政策の対象となる経営規模は地域の条件に応じて緩和策（後に市町村特認制度）も設けられたが、「北海道10ha、都府県４ha、特定農業団体等20ha」を対象とし進めることで、「導入を契機に農業の構造改革を加速（06年 p.138）」させることを期待すると同時に、そのためには「対策の対象となる担い手の育成・確保を図ることが喫緊の課題となっている（06年 p.138）」と、担い手の確保が依然として不十分であることを述べている。

　選別的な方式を採用したために、2007年参議院選の自民党大敗、2009年の政権交代を招く要因となる品目横断的経営安定対策であるが、以前から取り組まれていたぐるみ型集落営農を含めて、４haに満たない経営規模農家の防衛策としての性格も併せ持つようになった集落営農は、2005 ～ 07年に東北や九州を中心として約２千増加し、2007年２月で１万2,095となった（07年 p.95）。集落営農の組織化による労働時間の削減（07年 p.96）、水田作面

積の大規模化による収益力の向上（07年 p.99）というポジティブな材料が示されると同時に、耕作放棄地面積の増加傾向（07年 pp.101-104）という問題を解決するためにも、担い手への農地集積を加速化させる必要があると述べている。

2007年白書では、白書発行前に把握できていた秋まき麦を作付ける農業者のうち、収入減少影響緩和対策に加入する者の加入申請・作付面積が農林水産省で試算した面積を上回る水準となり（07年 p.108）、その後、ほかの品目の加入申請・作付面積もほぼ想定通り（08年 p.28）と幸先の良いスタートを切っていた。しかし、「実際の生産現場では（略）多くの不安や不満の声が出された。具体的には、①現行の加入要件では地域の実情に合っていない、②集落営農の運営に不安が多い、③交付金の支払いが遅い、④事務手続きが大変等、が指摘された。このため、土地利用型農業の体質強化という基本は維持しつつ、より一層地域の実態に即したものになるよう、加入要件、支援策、手続き等の見直しが行われた（08年 p.30）」。名称は、品目横断的経営安定対策から水田・畑作経営所得安定対策（北海道向け）、水田経営所得安定対策（都府県向け）に変更され、2008年白書では、それらをまとめて「新たな経営所得安定対策」と呼称した。内容については省略するが、「見直し内容の十分な周知を図ったうえで、高齢者や小規模農家も安心して農業に取り組める環境を目指しつつ、引き続き意欲と能力のある農家の体質強化に向けて取組を進めていくことが重要である（08年 p.30）」と強調され、選別的な性格は薄れた。

2009年白書では、制度名を「水田・畑作経営所得安定対策」と統一し、再度見直し内容の周知が必要であることを強調すると同時に、対策加入者の評価が「収入減少影響緩和対策（販売収入の減少に対する補てん）は7割、生産条件不利補正対策（販売収入では賄えない生産コスト補てん）は6割の加入者が評価している（09年 p.91）」など、利用者からの評価がある程度高かったことを示している。また、認定農業者や集落営農の数は2007年産からの水田・畑作経営所得安定対策への加入のために増加しており、とくに集落営

農の活動内容（09年 p.89）や今後の経営発展のための取組（09年 p.92）が調査されている。

2005年に定められた新たな「食料・農業・農村基本計画」の「農業構造の展望（2015年）」では、「効率的かつ安定的な農業経営」（家族農業経営33～37万戸、法人経営1万戸、集落営農経営2～4万組織）へ再編・集約し、その他の販売農家や自給的農家については、集落営農の組織化・法人化の際に組み込まれることが望ましいという方向性を示し、実際に政策として実行に移したものが「品目横断的経営安定対策/水田・畑作経営所得安定対策」であったわけだが、2009年9月の政権交代を挟んで2010年に定められた新たな「食料・農業・農村基本計画」では、大きく異なった方向性が示されることになった。

（3）2010年の新たな「食料・農業・農村基本計画」以降

2010年白書では、これまでの基本計画を振り返り、新たな基本計画の策定に至る経緯についてページを割いて説明している（10年 pp.3-20）。食料・農業・農村をめぐる状況を踏まえた政策的な対応方向として、担い手の確保については、「意欲ある多様な農業者を育成・確保する政策への転換（10年 pp.15-16）」として「農業者の高齢化が進み（略）。これまでの施策においては、「望ましい農業構造の実現」を目指し、認定農業者や集落営農の育成、水田・畑作経営所得安定対策の導入等が講じられてきました。これらの施策は、国内農業の体質強化を急ぐあまり、対象を一部の農業者に重点化して集中的に実施する手法を採用していました。しかしながら、経済低迷と農産物価格のデフレ傾向の中で、一部の農業者に施策を集中し、規模拡大を図ろうとするだけでは、農業所得の確保につながらなかっただけでなく、生産現場において意欲ある多様な農業者を幅広く確保することもできず、地域農業の担い手を育成するという目的も十分に達成することができませんでした。このため、農業者の創意工夫を活かしながら営農を継続・発展させることができるよう、現場の主体的判断を尊重した多様な努力・取組を支援する施策を展開します」

と、「戸別所得補償制度」を導入し、「小規模農家を含め、意欲あるすべての農業者が農業を継続できる環境を整え、創意工夫ある取組を促していく（10年 p.21）」こととした。

　戸別所得補償制度の本格実施に向けて、2009年産から取り組んでいた産地づくり対策の見直しや水田・畑への大豆、麦、飼料作物、米粉・飼料用米の生産拡大支援（10年 p.30）を引き継ぎ、「水田利活用自給力向上事業」と「米戸別所得補償モデル事業」からなる、「戸別所得補償モデル対策」を実施することになった。

　「水田利活用自給力向上事業」は「水田を有効活用し、麦、大豆、米粉用米、飼料用米等の自給率向上を図るために国全体で取り組むべき作物（戦略作物）の生産を行う農業者・集落営農に対して、主食用米を生産する場合と同等の所得を確保し得る水準の交付金を直接支払により交付し、戦略作物の全国的な生産拡大を推進するもので」、「野菜や雑穀等、各地域で各々の特色を活かした作物生産が行われている実態を踏まえ、地域の実情に応じて柔軟に交付対象作物や単価を設定できる仕組みを設け、戦略作物以外の作物についても生産を支援していくこととし」、「本事業については、これまで米の需給調整に参加してこなかった方も段階的に戦略作物の生産に取り組めるよう、米の生産数量目標の達成に関わらず、交付金を交付することとしている（10年 p.21）」。単価は作付面積に対して10a当たりの金額で交付され、「戦略作物」として麦、大豆、飼料作物に対しては3.5万円、米粉用・飼料用・バイオ燃料用米、WCS用稲に対しては8.0万円、そば、なたね、加工用米に対しては2.0万、都道府県単位の指定による「その他の作目」、そして「二毛作」に対して支払われることになった。

　「米戸別所得補償モデル事業」では、「意欲ある農業者が水田農業を継続できる環境を整えられるよう、恒常的に生産費が販売価格を上回る米について、直接支払により所得補償するもの」として、「具体的には、標準的な生産費と標準的な販売価格との差額分を、構造的に是正が必要な部分として、価格水準の動向に関わらず、「定額部分」として10a当たり1.5万円を、主食用米

の作付面積（自家消費用・贈答用等分として10a控除）に応じて交付し」、「また、当年産の販売価格が標準的な販売価格を下回った場合には、その差額分を基に「変動部分」を算定し、交付」することとし、そして、事業の対象者は「「米の生産数量目標」に即した生産を行うこと、すなわち需給調整に参加した販売農家・集落営農であって、水稲共済加入者であるもの」あるいは「地域に共済組合がない、当然加入面積に満たないといった理由で共済に加入していない者についても、前年の出荷・販売実績があれば、本事業に加入することができ」るとした。

　このような転換が図られるなか、白書における見解が真逆に変化した端的な例として以下のものがある。2006年白書 p.131で指摘していた産出額に占める農家類型別の割合について、コメの産出額は野菜や果樹、畜産等の他品目と比較して、主業農家のシェアが4割と準主業農家と副業的農家によるシェアが高い状況にあり、「水田農業における担い手への経営資源等の集中が遅れている」と見なしていた。しかし、多様な担い手の確保を掲げている2010年白書では、ほぼ同じデータに対して「米では主業農家の割合は4割弱にとどまっており、準主業農家等の兼業農家が過半を占め（略）、主業農家だけでなく兼業農家も重要な役割を果たしており、今後は、農業者の減少・高齢化が進むなか、地域農業の担い手が規模拡大等に取り組める環境を整えていくことが重要（10年 p.133）」と評価を転じている。

　なお、2010年食料・農業・農村基本計画で示されている「農業構造の展望」には、農地利用の維持・拡大のためには「農家数の減少を最小限に食い止めるとともに、1戸当たりの経営規模の拡大や担い手への利用集積を促進することで、農地を最大限に有効利用」すること、多様な集落営農の形態、法人化や法人の参入による雇用増が期待されていた。そして、雇用の創出や農地の維持管理という視点を設けた上で、地域や集落という枠組みの中での農地利用というこれまでとは異なる形で農業構造を展望していた。しかし、これらの方向転換は政権が掲げる方針に大きく依存していた。

　2011年白書では、「意欲あるすべての農業者が将来にわたって農業を継続し、

経営発展に取り組むことができる環境を整備する必要（11年 p.161）」があるとして、2010年のモデル事業に参加した農家への調査・分析（11年 p.161-169）を通じて、水田だけでなく畑作の畑作物（麦、大豆、てんさい、でん粉原料用ばれいしょ、そば、なたね）も、新たに所得補償の交付対象とし、本格的な戸別所得補償制度が導入されることになった。「畑作物については、農業者の単収増や品質向上の努力が反映されるよう、数量払を基本とし、営農を継続するために必要最低限の額を面積払で交付する仕組みにより、所得を補償すること（11年 pp.169-170）」になった。

　なお、「農業構造の展望」との関係では、「我が国全体で少子・高齢化が進む中で、2020年の販売農家数は、現状のすう勢のままでは111万戸、主業農家数は23万戸とさらに減少すると見込まれて」いたが、「今後、戸別所得補償制度に加え、2009年に行われた農地制度の見直しにより創設された「農地利用集積円滑化事業」の活用等を通じて担い手への利用集積等を進め」、「これらの効果も加味すれば、販売農家121万戸、主業農家24万戸にとどまると見込まれています。また、主業農家１戸当たりの経営耕地面積は、2009年の5.1haから2020年には7.7ha程度になると見込まれています（11年 p.213）と、これまでのすう勢を変える動きが期待されていた。集落営農に対しては、「2011年には前年に比べ1,066増加し１万4,643」となっており、今後「生産条件の不利な中山間地域を中心に、その組織化が漸次進み、2020年にはその数が２万程度まで増加する（11年 p.213）」と見込まれていた。

　2012年白書では、引き続き「農業者戸別所得補償制度」加入者の動向が分析されており（12年 pp.181-188）、米の作付面積規模別経営状況について農業者戸別所得補償制度に加入した場合とそうでない場合を示し、加入した場合には「１ha未満の小規模経営では、経営費と家族労働費は賄えませんが、２ha以上の経営規模では経営費も家族労働費も賄うことができており、利潤が発生」していること、さらに、米戸別所得補償モデル事業の加入者を作付面積規模別にみると、５ha以上では98％が加入している一方、0.5ha未満では４割以上が未加入」で、「実際に交付された交付金の過半（58％）は、

加入者の1割に過ぎない2ha以上層の加入者に交付されてい」るなど、「農業者戸別所得補償制度は、米農家の経営状況の改善に寄与するとともに、作付け規模の大きな農家ほど、より大きなメリットが享受できる仕組みとなって（12年 p.187)」いると述べられている。

そのほか、依然として農業経営体数は減少しているものの、農業者戸別所得補償制度による農業所得の改善（12年 p.211)、集落営農や法人化の取組の増加や一般法人による農業への参入などの動きを、「集落・地域の関係者による話合いにより、今後の中心となる経営体、その経営体にどのようにして農地を集めるか、中心となる経営体とそれ以外の農業者を含めた地域農業の在り方等を定めた「人・農地プラン」（12年 p.216)」として作成する動きが出ている。

（4）農林水産業・地域の活力創造プラン以降

2012年12月の衆議院選挙によって自民党が政権奪還した後の白書となる2013年白書をみていきたい。2010年白書では政権交代に触れられていたが2013年白書にはそのような記述はまだなく、2014年白書からその色が濃く出ている。

2005年の「農業構造の展望」では、「効率的かつ安定的な農業経営」への農地集積が望ましいとされていたわけだが、2013年白書では、「農地面積に占める担い手の利用面積の推移（13年 p.142)」で、認定農業者（特定農業法人含む)、市町村基本構想の水準到達者、特定農業団体、集落営農を一括管理・運営している集落営農が、所有権、利用権、作業委託（基幹3作業：耕起・代かき、田植え、収穫）により経営する面積）で利用している「担い手の利用面積」が農地面積全体に占める割合が、1995年の17％から2010年の49％まで上昇したことが示された。

昭和一けた世代が70代となり本格的なリタイアが見込まれはするものの（13年 p.154)、39歳以下の新規就農者が増加する動き（13年 pp.154-155）もあり、技術習得や経営継承など定着に向けた支援策が取り上げられている(13

年 pp.156-161)。一方で耕地利用率の低下や耕作放棄地面積の増加という農地の問題が深刻化しており（13年 pp.161-163)、そのような人の問題と農地の確保の問題に対するアプローチとして、集落や地域における農業者の徹底した話合いを行う「人・農地プラン」の作成を通じて、今後の中心となる経営体と、その経営体への農地の集積方法や、中心となる経営体とそれ以外の農業者を含めた地域農業の在り方等を定めることで、同プランに位置づけられると新規就農者対策（「青年就農給付金」）や農地集積対策等（「規模拡大加算」、「農地集積協力金」）の支援策を利用できることになった。そして農業者戸別所得補償制度は、2013年産からは経営所得安定対策と名前を変えて実施されることになった（13年 pp.168-170)。

　自民党への政権交代により、農林水産省内に「攻めの農林水産業推進本部」が立ち上がり、内閣総理大臣を本部長とする「農林水産業・地域の活力創造本部」が設置され、さらに自民党が「農業・農村所得倍増目標10カ年戦略」を策定するとともに、党の組織として「農林水産業・地域の活力創造本部」を設置した。それに加えて、「産業競争力会議」「規制改革会議」などでの議論を踏まえ、2013年12月に「農林水産業・地域の活力創造プラン」が打ち出された。そこでは、「（本プランは）我が国の農林水産業・地域の活力創造に向けた政策改革のグランドデザインとして、新たな農業・農村政策の方向性を示すもので」、「農林水産業を産業として強くしていく「産業政策」と国土保全といった多面的機能を発揮する「地域政策」を車の両輪として推進することにより、農業・農村の所得を今後10年間で倍増させることを目指（14年白書 p.11)」すとしている。そこでは、生産現場の強化のために、「……③農地中間管理機構を通じた農地の集約化等生産コストの削減の取組や、経営所得安定対策と米の生産調整の見直し等」を行う必要があるとされた。

　農地中間管理機構については、「「人・農地プラン」の作成過程等において、例えば、①高齢農業者がリタイアする場合、②地域の担い手間で分散錯綜している利用権を交換する場合、③新規就農に当たり農地を借りたいという場合等には、信頼できる農地の中間的受け皿があると、農地の集積・集約化が

円滑に進むとの指摘があった（14年 p.76）」ことを踏まえて整備されることとなった。この時提示していた仕組みは、「①地域内の分散し錯綜した農地利用を整理し担い手ごとに集約化する必要がある場合や、耕作放棄地等について、農地中間管理機構が借り受け。②農地中間管理機構は、必要な場合には、基盤整備等の条件整備を行い、担い手（法人経営・大規模家族経営・集落営農・企業）がまとまりのある形で農地を利用できるよう配慮して、貸付け。③農地中間管理機構は、当該農地について農地としての管理。④農地中間管理機構は、その業務の一部を市町村等に委託し、農地中間管理機構を中心とする関係者の総力で農地集積・耕作放棄地解消を推進（14年 p.77）」であった。

　経営所得安定対策については、畑作物の直接支払交付金、米・畑作物の収入減少影響緩和対策、米価変動補填交付金で見直しや廃止が行われたが、とくに米の直接支払交付金については、「農業者の手取りになったことは間違いありませんが、米は麦・大豆と異なり、諸外国との生産条件の格差から生じる不利はないこと、また、すべての販売農家に対し生産費を補填することは、農地の流動化のペースを遅らせる面があること等の政策的な問題（14年 p.14）」があったとして、2017年産で廃止とするため2014年産から移行措置が取られ半減（7,500円/10a）されることになった。その「振替・拡充」として、農地を維持する目的として①多面的機能支払、飼料用米の数量支払を盛り込むなどの②水田の有効活用対策の拡充、農地中間管理機構による生産コストの低減や農地集積を推進する③構造政策（農地集積）の拡充が提示された。

　2015年白書では、新たな食料・農業・農村基本計画が決定されたことから、紙面を割いて特集している（15年 pp.17-28）。1999年に食料・農業・農村基本法が成立してから５年毎に見直された過去の３つの基本計画について振り返り、今回の基本計画の策定までの経緯として2013年12月に示された「農林水産業・地域の活力創造プラン」を踏まえて議論が重ねられたことを説明している（15年 pp.17-18）。農地集積の進展については、「利用権の設定等によ

る農地集積が一定程度進展（略）。加えて、農地集積により経営の規模が拡大する一方、集積された農地は小さな区画のまま分散錯綜している場合も多く、生産性向上の大きな阻害要因（15年 p.19)」という情勢であるとして、「農業の構造改革や新たな需要の取り込み等を通じて、農業や食品産業の成長産業化を促進するための産業政策と、農業の構造改革を後押しつつ農業・農村の有する多面的機能の維持・発揮を促進するための地域政策を車の両輪として進めるという観点に立ち、食料・農業・農村施策の改革を推進していくことが必要（15年 p.20)」と掲げている。

　「望ましい農業構造」については、「担い手の姿としては、効率的かつ安定的な農業経営（主たる従事者が他産業従事者と同等の年間労働時で地域における他産業従事者とそん色ない水準の生涯所得を確保し得る経営）になっている経営体およびそれを目指している経営体の両者を併せて、「担い手」とし」、「効率的かつ安定的な農業経営を目指している経営体とは、(1)「認定農業者」、(2)将来認定農業者となると見込まれる「認定新規就農者」、(3)将来法人化して認定農業者となることも見込まれる「集落営農」」としており、「担い手の農地利用面積が過去10年間で全農地面積の３割から５割まで増加している中で、基本法第21条を踏まえ、今後10年間（2025年）において全農地面積の８割が担い手によって利用される農業構造の確立を目指すこととして（15年 p.20)」いる。基本計画を見直す度に掲げている「望ましい農業構造」には未だ至らず、依然として「我が国の農業構造の現状についてみると（略）、農業の競争力を強化し、持続可能なものとするためには、農業の構造改革を加速化する必要（15年 p.92)」がある、という捉え方をしている。

　また、政策については、農地中間管理機構の必要性として、農地集積・集約化と、遊休農地の未然防止・解消が挙げられる（15年 pp.93-98）一方で、経営所得安定対策については、「従来の面積規模要件については、小規模であっても、収益性の高い作物との複合経営や６次産業化により、所得を向上していこうとする農業者もいることから、担い手であれば、規模要件は課さないこととしました（15年 pp.113-114)」と、制度創設時の目的は失われた。

（5）2016年以降の白書について

　2016年以降の白書では、農業構造に影響しうる効果的な施策が講じられていないため、各年で把握された値が報告されるのみになっている。よって、この節では白書で見られる項目について抜粋することで整理したい（**表3-1**）。「特集」、「産出額等の動向」、「農地の集積・集約化」、「担い手の育成・確保」、「人材力の強化」、「女性農業者の活躍」、「農業金融」、「経営所得安定対策」、「収入保険制度」について抜粋しているが、近年の白書は数値の更新がなされているだけで、具体性のある新たな提言を含むものではなくなりつつあることがわかる。

　2020年白書では、新しい基本計画の特集が組まれ、「望ましい農業構造」については、「図表特1-13　地域を支える農業経営体」という記述がある。しかしそこでは、農業経営体が地域を支えているのだろうか、地域に支えられてこそ農業経営体が存立できているのではないだろうか、という疑問が浮かぶ。

4．おわりに

　本稿では、過去20年以上にわたって食料・農業・農村白書を振り返った。現在から過去の記述に立ち返ってみると、今思えば刺激的な施策が行われ、期待もかけられていたことがわかる。その効果を継続的に分析することで評価を行えたはずだったが、近年は数値が公表されるに留まり、白書における評価は今後も叶うことはないだろう。また、「望ましい農業構造」も延々と先送りにされて現在に至る。そこから読みとれるのは、その望ましい農業構造を実現するために国として実施できる施策はどうやら失われており、近年は構造政策と言われるものは立案できていないようである、ということであろう。構造政策の不在は、行政の期待とは違う方向に構造改革がすでに進みきっていることの裏返しかもしれない。それゆえ現実を素直に受け止め

表 3-1 2016 年から 2021 年の食料・農業・農村白書における構造政策に関する記述について

		2016 年	2017 年	2018 年	2019 年	2020 年	2021 年
TPP 交渉の合意及び関連政策	①特集	TPP 交渉の合意及び関連政策	日本の農業をもっと強く～農業競争力強化プログラム～	次世代を担う若手農業者の姿～農業経営の更なる発展に向けて～	平成 30 年度に多発した自然災害からの復旧・復興	新たな食料・農業・農村基本計画	新型コロナウイルス感染症による影響と対応
	②特集		変動する我が国農業～2015 年農林業センサスから～		現場への実装が進むスマート農業の広がりを見せる農福連携	輝きを増す女性農業者	
等・産出額の動向		農業総産出額：1984 年以降は 11 兆 7 千億円、2001 年以降は 8 兆円台→2015 年は 8 兆円超→2016 年は 0.8%増加→2017 年増→2018 年 2.4%減少→2019 年 1.8%減少 生産農業所得：2014 年 1 千億円減→2015 年生産農業所得→2016 年は 5 千億円減少→2016 年 7.3%増→2019 年 4.8%減少					一戸当たりの農業所得は農業経営が増加していることから前年比 1.7%増加の 194 万 1 千円
農地の集約化・集積		農地面積：2015 年は前年に比べ 2 万 2 千 ha 減→2016 年 2 万 5 千 ha 減→2017 年 2 万 5 千 ha 減→2018 年 2 万 3 千 ha 減→2019 年 2 万 3 千 ha 減→2020 年 2 万 5 千 ha 減、437 万 ha 2016 年の農業生産資材価格指数は 1.5 ポイント低下	荒廃農地：2014 年 27 万 6 千 ha→2015 年 28 万 1 千 ha→2016 年 28.7 万 ha→2018 年 28.4 万 ha（その後記載なし）	農地中間管理機構借賃額合：2014 年 3 月末から 1.6%上昇し、2015 年 3 月末 50.3%→2016 年 3 月末 52.3%→2017 年 3 月末 54.0%→2018 年 3 月末 52.3%→2019 年 3 月末 56.2%→2020 年 3 月末 57.1% 人・農地プランの活用 針がある者の 7 割が貸し付けした際の固定資産税軽減措置・遊休農地の固定資産税の課税強化	人・農地プランの活用 2018 年の経営耕地面積 10ha 以上の層の面積シェアは 52.7%	「人・農地プラン」の実質化 2019 年の経営耕地面積 10ha 以上の層の面積シェアは 53.3%	2019 年度現在に「人・農地プラン」が実質化されている地区 1 万 8,826 地区、実質化に取り組んでいる地区が 4 万 8,790 地区
担い手の育成・確保		改正農地法、農地所有適格法人への名称変更	認定農業者数：2015 年は前年に比べ 3%増加し、23 万 8 千経営体、2005 年から 2020 年に 136 万 3 千人 常雇い人数：販売農家と法人経営体では 10 年で 79%増で 20 万 3,678 人→2017 年常雇いする項目では 40 万人に拡大する目標→農業経営改善計画は 2020 年 3 万人に増加 法人経営体数：2014 年 5 万 7,136 人→2017 年 5 万 8,857 で、1 万 8,857 で、10 年で 117%増→2018 年は前年に比べて 5 年前に比べて 13.3%増加	基幹的農業従事者数：2005 年から 10 年で 22%減少 175 万人→2017 年年齢別で 33.6%減少で 136 万 3 千人→2020 年に比べ 136 万 3 千人 新規就農者数：2014 年 5 万 7,650 人→2015 年 5 万 5,030 人→2016 年 6 万 150 人→2017 年 5 万 5,670 人→2018 年 6 万 150 人 農業における「働き方改革」	認定農業者数：2017 年は前年に比べて 6 万経営体、2005 年に比べて 2.6%減少→2020 年に 107 万 6 個経営体となり、5 年前の 137 万 7 千経営体 2017 年の 49 歳以下の新規農業者は 2 万 7,760 人となり、4 年連続で 2 万人超	「人・農地プラン」の実質化 認定農業者数は前年に比べて 7 万人減少、この間法人で増加する者の認定農業者数は減少。法人経営体では 3 万 4 千経営体、法人のものは一貫して増加し 37.1%増加 （2019 年分は 2021 年白書に記載なし） 農業における雇用状況：2018 年は 2014 年に改正された農業で交付要件を 49 歳以下に拡大 農業経営基盤強化促進法により、担い手の営農面積に応じて都道府県の農業経営改善計画を認定する仕組みの設置	農業における外国人の雇用状況：2018 年は 2014 年に比べると 1.8 倍、外国人技能実習生は 1.9 倍で総数 3 万 5,500 人→2019 年末時点では増加→2020 年 10 月末時点では 3 万 8,064 人

大分類	項目	概要	具体的な指標・データ
人材力の強化	日本農業経営大学校 農業経営塾・オンラインアグリビジネススクール	農業大学校卒業生の就農率 農業大学校の専門職大学化 農業経営塾を開校	農業大学校卒業生の就農率：2015 年度 56.2%→2016 年度 57.1%→2017 年度 55.3%→2018 年度 54.0%→2019 年度の卒業生 1,709 人うち就農者 931 人で全体の 54.5% 農業大学校の就農率は 2011 年度からいずれ学生の就農率は 2011 年度から 2017 年度の間に 32.8%から 46.2%に上昇 農業をはじめる JP 雇用就農の割合が増加傾向するための研修期間に必要な資金の交付付き、50 歳未満を対象とする研修について農業研修機関への支援 一般法人による農業への参入が増加傾向
女性農業者の活躍	家族経営協定締結経営数 女性が経営又は経営方針の決定に関わっている経営体の割合は 47.1% 男女共同参画基本計画において、農業委員会の委員及び農協の役員に占める女性の割合については早期に 10%を成果目標 農業女子プロジェクト	家族経営協定締結経営数の増加 2017 年における女性農業者・基幹的農業従事者は前年に比べて 3 万 7 千人減 組織経営体の常雇いについては前年に比べ 4 万 4 千人増 都道府県の農業改良普及指導員や農協の営農指導員の女性割合が向上	2015 年は前年に比べて 2%増加し 5 万 5,435 戸→2019 年は前年に比べて 926 戸増加し 5 万 5,8182 戸締結済み 2017 年における女性農業従事者数は基幹的農業従事者は 40 歳代以下で増加 2018 年の農業委員、農協役員に占める女性の割合は、それぞれ 11.8%、8.0%と増加 農業女子 PJ は 5 周年 女性の基幹的農業従事者数は 2015 年から 2020 年の 5 年間で 21 万人（28.0%）減少 女性の認定農業者数は 2015 年から 2020 年の 5 年間で 8.6%増加の 1 万 1,738 人 役員の女性の割合について 2020 年では 10 年前と比べ農業委員は 7.4 ポイント増、農協は 5.2 ポイント増 第 5 次男女共同参画基本計画では「農業現場を支える多様な人材や主体の活躍」の節へ
金融	クラウドファンディング 新規融資額の増加	スーパー L 資金の新規貸付額が前年度に比べて 210 億円増 農業向けの新規貸付額の増加傾向	2015 年度はスーパー L 資金の新規貸付額が前年度に比べて 210 億円増 2018 年度の一般金融機関による農業向けの新規貸付額が前年度に比べて 36.8%増加の 2,473 億円
経営所得安定対策	ゲタ対策の作付面積 ナラシ対策の加入申請面積 米の直接支払交付金の交付面積	2015 年度は主食用米から麦・大豆等への転換により 49 万 9 千 ha 減少 ナラシ対策の加入面積：2015 年度は 97 万 9 千 ha→2018 年は前年度に比べ 9 万 ha 増加 2015 年度は収入保険への移行等により前年度に比べ 3 万 8 千 ha 減少	2015 年度は主食用米から麦・大豆等への転換により 49 万 9 千 ha 減少し前年度に比べて 3 千 ha 増加 2017 年度は前年度に比べて 1 千 ha 増加し 2018 年度はゲタ対策は対象とならない作物へ増加 ナラシ対策の加入面積：2015 年度は 97 万 9 千 ha→前年度の加入面積に比べて 14 万 1 千 ha 増加し 2019 年は収入保険への移行等により前年度に比べ 99 万 ha と前年度の 82 万 7 千 ha 米の直接支払交付金の交付面積：2015 年度は 105 万 1 千 ha と前年度の交付面積 103 万 6 千 ha 減少
収入保険制度	従来の農業共済制度に続き、自然災害による収量減少を対象とし、価格低下等は対象外に、農業者ごとの収入全体を見て総合的に収入の減少を捉えている収入保険制度を 2019 年 1 月から加入申請を開始 2020 年度は収入保険への加入実績は 3 万 5 千戸	従来の農業共済制度等への加入者のうち収入保険の加入者にとって一層の加入を促進 2019 年 1 月から収入保険の保険金支払が開始	従来の農業共済制度等への加入者のうち収入保険の加入による支払額と前年度の実績により 50 万 7 千 ha→2019 年は作物へ増加 初年である 2019 年の収入保険への加入人数は約 1.3 万経営体 農業共済、ナラシ対策、野菜価格安定等の類似制度等との重複加入を選択できず、果樹収入は同 8%と比較的高く、野菜価格安定は 4 割安くなるタイプの設定 2020 年の収入保険への加入実績は、前年に実績（約 1.3 万経営体）に比べ 1.3 万 6,142 経営体増加 青色申告を行っている農業経営者（約 35.3 万人）の 10.2%の加入 支払実績は 2021 年 1 月時点での 6,833 件 166 億円

資料：各年食料・農業・農村白書より筆者作成

るのであれば、喫緊の課題は地域の担い手不足であって、地域農業を維持するためには「担い手」だけではなく農村住民の協力（つまり居住）が必要ということであれば、それはもう農村政策である、という発想につながるのではないか。

　少子高齢社会において、大規模な経営体が存立できたとしても、そこで日常生活を営めなければ「担い手」さえも地域で暮らすことが困難になる。小中学校、病院、福祉施設など、地域のさまざまな生活インフラを利用する主体がある程度確保できなければ、地域で施設を維持することができない。そうでなければさまざまな世代が子育て・医療・福祉などそれぞれのタイミングで地域を離れてしまう。「担い手」だけでは地域社会を維持することはできず、地域社会を維持するためにも農業政策だけではなく、教育や医療、福祉、行政サービスを維持するために、農業という産業が何ができるかを考えていく必要があるだろう。

注
1）同じく食料・農業・農村白書を用いた論考に、安藤（2020）等があり、そのほか毎年恒例の企画で『農業と経済』（2021年3月まで昭和堂）、『農村と都市をむすぶ誌』（全農林）、『週刊農林』（農林出版社）でその年の白書に対する分析や座談会が企画されている。
2）このような区切りの仕方をすることになるため、より大枠の議論である基本計画、基本法とはどのようにあるべきかを論じる必要を感じる読者もあろうが、それは本稿には求められていない。
3）農林水産行政の施策・制度に関わる文書が各部局のサイトで掲載されていたり、統計資料の横断的ポータル（e-Stat）でのデータベース化などが行われたりしているが、いずれも複雑化しており（2021年現在）、シンプルで利用しやすいデータベースとして、農林水産省の電子化図書データベースは貴重である。
4）橋詰（2021）による。
5）2015年農業センサスの分析は、橋詰らが分析した農林水産政策研究所（2018）、安藤らが分析した農林水産省編（2018）が統計的な分析を行っており、現地調査による実態分析では、同じく安藤ら（2018）による分析がある。
6）正式には、農林水産省大臣官房調査課編（2000）『食料・農業・農村の動向に関する年次報告　平成11年度　農業白書』、農林水産省。

引用・参考文献

安藤光義（2020）「食料・農業・農村基本計画」の批判的検討：『食料・農業・農村白書』を素材として」『経済』（302），pp.105-115.

安藤光義ら（2018）『縮小再編過程の日本農業:2015年農業センサスと実態分析（日本の農業（250・251））』農政調査委員会.

橋詰登（2021）「（座談会）報告：二〇二〇年センサス結果の概要（概数値）に見る農業・農村構造変動の特徴と地域性」『農村と都市をむすぶ誌』（全農林）71（4），pp.4-38.

農林水産政策研究所（2018）『日本農業・農村構造の展開過程―2015年農業センサスの総合分析―』

農林水産省編（2018）『2015年農林業センサス総合分析報告書』農林統計協会.

（竹島久美子）

第4章

今日的農産物輸出政策の展開と輸出の内実

1. 本章の課題

　本章の目的は、農産物輸出が顕著な拡大局面に入った21世紀において、わが国農産物輸出政策がどのように展開したのか、その特徴を解明することである。

　日本の人口は、2008年にピークの1億2,808万人となり、2011年以降一貫して減少してきている[1]。また、2050年には17.4％減の1億580万人、2100年には41.5％減の7,496万人と推計[2]されており、こうした減少幅にほぼ比例して食料需要量も減少していくことが想定される。わが国人口が増加から減少へと局面を転換しようとするその時、小泉首相は「農産物の輸出も視野に置いた積極的な農政改革を展開[3]」し、「攻めの農政に転換[4]」する意向を表明した。

　その背景には、アジア諸国における所得水準の向上や、世界的な日本食ブームがある。人口減少社会の中で農産物の新たな販路を展望するならば、今後一層の人口増大と経済発展を見込むことのできる海外市場の開拓を選択肢の一つとして位置づけることはある意味では合理的である。実際、農産物輸出政策は、林産物、水産物、加工食品を含む「農林水産物・食品」輸出政策として積極的な展開を見せている。特に2013年以降のアベノミクス「第1の

表 4-1　農林水産物・食品輸出額の推移

単位：億円、円／ドル

年	2007	2008	2009	2010	2011	2012	2013	2014	2015	2016	2017	2018	2019	2020
農産物	2,220	2,437	2,637	2,865	2,652	2,680	3,136	3,569	4,431	4,593	4,966	5,661	5,878	6,560
加工食品	1,058	1,140	1,225	1,325	1,253	1,305	1,506	1,763	2,221	2,355	2,636	3,101	3,271	3,740
林産物	104	119	93	106	123	118	152	211	263	268	355	376	370	381
水産物	2,013	1,757	1,724	1,950	1,736	1,698	2,216	2,337	2,757	2,640	2,749	3,031	2,873	2,276
農林水産物・食品合計	4,337	4,312	4,454	4,920	4,511	4,497	5,505	6,117	7,451	7,502	8,071	9,068	9,121	9,217
少額貨物	—	—	—	—	—	—	—	—	—	—	462	520	592	643
農林水産物・食品合計（少額貨物含む）	—	—	—	—	—	—	—	—	—	—	8,533	9,588	9,713	9,860
為替相場	117.8	103.4	93.5	87.8	79.8	79.8	97.6	105.9	121.0	108.8	112.2	110.9	109.0	106.8

資料：農林水産省「農林水産物・食品の輸出実績（品目別）」（各年版）、農林水産物「少額貨物の輸出額推計」（各年版）、総務省統計局「日本統計年鑑」、日本銀行「外国為替市況」もとに筆者作成。

矢」、量的金融緩和政策による円安基調のもとで農産物輸出金額は増大してきている（**表4-1**）。

　遡れば、明治維新後の日本は、生糸や絹織物といった農業と在来産業（雑工業）の生産物を主たる輸出品として外貨を獲得し、1907年ころには世界最大の生糸輸出国にもなっている[5]。

　他方で戦後は、小麦をはじめとするアメリカの食料援助を受け入れて以来、GATT・WTO体制のもとで農産物およびその加工品の輸入自由化を進展させてきた。WTO交渉の難航により、近年では2国間、あるいは数カ国間による様々な経済連携協定を発効させながら、一層の輸入自由化を進めつつある。この間、日本の食料自給率は2020年時点で37％[6]と大きく低下し、OECD加盟国中最低水準[7]に位置し、世界第1位の純輸入国[8]となっている。

　このように日本は、農産物輸出国から、農産物輸入国へと大きな変貌を遂げた。この間、農産物輸入自由化＝輸入農産物による日本に対する「攻め」に直面するたびに、生産者等からの反対の声と対応する施策＝輸入農産物に対する「守り」の態度が表明されてきた。その上で、日本から海外への農産物輸出＝「攻め」の農政が打ち出された現代は、戦後の日本農政の一つの画期と言って良い。

　こうした背景のもとで、農水産物・食品の輸出に関する研究が多数蓄積さ

れてきている[9]。それらの特徴として、輸出向け農産物の出荷に取り組む農協や移出業者といった産地流通主体およびその支援組織の役割を解明したもの、食品製造業者による農産物加工品の輸出対応の実態を解明したもの、輸出相手国の消費者の購買行動や日本産農産物・食品に対する評価を解明したもの、農産物輸出の農業経営への影響を解明したもの等をあげることができる。

それに対して、農産物輸出政策に関する研究はそれほど多くないが、明治期から民主党政権下の2010年までの日本の農水産物輸出政策の展開を整理した栃木ほか（2010）や、2000年代以降の農産物輸出政策に着目して整理した神代・数納（2013）がある。後述するように、この間に政府は、農林水産物・食品輸出金額を2019年までに1兆円に増大させる目標を設定し、積極的に輸出促進政策を打ち出してきた。その目標達成年次を越えた今日、目標の達成状況とその背景としての政策展開の特徴を整理することは、時宜を得たものと考えられる。

そこで本章では、冒頭に掲げた目的のため、第1章が指摘する「官邸農政」的意思決定を意識しつつ、首相の政策的意向や首相を長とする会議体の決定に伴って変遷する農産物輸出政策の特徴を、政策目標の設定と達成状況、国の予算と事業の主旨に着目して整理することを試みる。

この間の政権交代は少なからず農産物輸出政策に影響をもたらし、とくに第2次安倍内閣の成立、そのもとでのアベノミクス第1の矢「異次元金融緩和」による円安の進展は農産物輸出金額の変動に影響したものと考えられる。そこで本章では、特に2013年から2015年にかけてのアベノミクスによる円安の進展期を「アベノミクス前期」、2016年以降の為替相場の安定期を「アベノミクス後期」と称して議論を進めたい。

なお、日本の農産物輸出政策は林産物、水産物、加工食品を合わせた「農林水産物・食品輸出」政策として展開してきている。したがって、本章でも適宜、林産物や水産物に言及することがあることを予めお断りしておく。また、本章が主に議論の対象とする「農産物」の概念は、後述するとおり国の

農林水産物・食品輸出政策の中では加工食品を含んでいることにも留意する
必要がある。

2．農産物輸出政策の目標と成果

（1）農林水産物・食品輸出政策の目標金額と目標年次の設定

　2004年1月、第159回国会での小泉首相の施政方針演説は、「農産物の輸出
も視野に置いた積極的な農政改革を展開」するとし、さらに2005年1月、第
162回国会での施政方針演説は、「海外では、ナシやリンゴなど日本の農産物
が高級品として売れています。やる気と能力のある農業経営を重点的に支援
するとともに、企業による農業経営への参入を進め、農産物の輸出増加を目
指すなど『攻め』の農政に転換いたします。」と表明した。今日的農産物輸
出政策の源流を遡ればこの頃にたどり着く。

　この2ヵ月後（2005年3月）に、首相を本部長とする食料・農業・農村政
策推進本部が決定した「21世紀新農政の推進について～攻めの農政への転換
～」は、2009年までに農林水産物・食品の輸出額を、当時の3,000億円から
6,000億円へ倍増するという数値目標を設定した。

　政権が第1次安倍内閣（2006年9月26日成立）に移行してからもこの流れ
は引き継がれていく。2006年9月、第165回国会における安倍首相の所信表
明演説では、「おいしく、安全な日本産品」の輸出額を2013年までに1兆円
規模とするという新たな数値目標が設定され、食料・農業・農村政策推進本
部が決定した「21世紀新農政2007」は「農林水産物・食品」の輸出額を同じ
く2013年までに1兆円とする目標を掲げた。

　しかしながら、その後1兆円の達成年次は度々延期されてきている。民主
党政権へ移行後、鳩山内閣（2009年9月16日成立）は「新成長戦略（基本方
針）～輝きのある日本へ～」（2009年12月30日閣議決定）で、2020年までに
1兆円を目指すとして期限を先延ばしにした。続く、菅直人内閣は「新成長
戦略～「元気な日本」復活のシナリオ」（2010年6月18日閣議決定）でやや

目標年次を前倒しして2017年までに目指すとした。しかし、2011年３月11日の東日本大震災に伴う東京電力福島第一原子力発電所の事故の影響で輸出が低迷したことを受け、同年６月、政府は目標達成年次を２年程度先送りすることを決定した[10]。最終的には、野田内閣（2011年９月２日成立）が「日本再生の基本戦略」（2011年12月24日閣議決定）で2020年までとした。

（２）「農産物」とはなにか

　小泉首相以降、我が国首相が発するメッセージを見ると、「高級なナシやリンゴ（小泉首相）」は生鮮食品たる農産物を、「おいしく、安全な日本産品（安倍首相）」は農産物に比べてより抽象的な食品を想起させる。

　そもそもわが国の法体系では、「農産物」を定義する文言は見当たらない。また「食品」について、例えば食品衛生法は「すべての飲食物」と定義しており、生鮮食品に限定しているわけではない。

　そこで、「農産物」の意味内容に対する政府の意図を読み取ろうとするとき、農林水産省が取りまとめている「農林水産物輸出入概況」が参考になる。

　農林水産省は、2004年１月の小泉首相の施政方針演説（上述）からまもなく、2004年４月30日に「農林水産物輸出入概況」（以下、「概況」）を発表した。これは、財務省「貿易統計」をもとに、農林水産省が農林水産物のうち主な品目の輸出入量・金額や、品目ごとの主要な輸出入相手国との輸出入量・金額等の2003年の数値を取りまとめたものであり、以降毎年発表されている。今日、政府から農林水産物・食品の輸出額が発表されるとき、その多くの場合はこの「概況」の各年版に基づいている。

　「概況」は、農林水産物を農産物、林産物、水産物の３つに分類する。そのうえで農産物をさらに畜産品、農産品の２つに分類している。畜産品の中には、食用の牛肉、豚肉、鶏肉、鶏卵はもとより、原皮、原毛皮、蚕糸、生糸の他、酪農品、ラノリン、ゼラチンといった加工品も含まれている[11]。また、農産品の中には、穀物、果実、野菜といった生鮮食品としての農産品、それらの調製品、油脂、菓子類、調味料、アルコール飲料等のあらゆる加工

食品のほか、非食用の花きや綿、たばこ等も含まれている。

　その後成立した「農林水産物及び食品の輸出の促進に関する法律（令和元年法律第五十七号）」は、第二条第一項「この法律において『農林水産物』には、これを原料又は材料として製造し、又は加工したもの……中略……であって、主務省令で定めるものを含むものとする」、同条第二項で「この法律において『食品』とは、全ての飲食物（医薬品、医療機器等の品質、有効性及び安全性の確保等に関する法律（昭和三十五年法律第百四十五号）第二条第一項に規定する医薬品、同条第二項に規定する医薬部外品及び同条第九項に規定する再生医療等製品を除く。）」と規定している。

　依然として農産物そのものの定義はなされていないが、我が国の今日的農産物輸出政策が対象とする「農産物」が、食用と非食用とを問わず、農産物及びその加工品である「農産物」を想定していることが明示された。

（3）品目別目標の設定

　民主党から自民党へと政権交代して成立した第2次安倍内閣（2012年12月26日成立）は、アベノミクスの「第3の矢」である成長戦略として「日本再興戦略」（2013年6月14日閣議決定）を打ち出し、2020年までに農林水産物・食品の輸出額を1兆円とするという目標を改めて掲げている。続いて農林水産省は「農林水産物・食品の国別・品目別輸出戦略」（2013年8月）を発表し、目標金額1兆円の内訳を示した（**表4-2**）[12]。その特徴は、第1に、農林水産物・食品で総額1兆150億円の目標金額のうち農産物は6,400億円、63.1％を占めるものの、その大部分は加工食品（5,000億円）で占められていることとある。第2に、生鮮食品としての農産物はコメ・コメ加工品の600億円[13]、青果物[14]の250億円、牛肉の250億円、合わせて1,100億円を占めるに過ぎないことである。

　2012年の実績値に対する目標値の倍率は、牛肉が5.0倍（200億円増）、コメ・コメ加工品が4.6倍（470億円増）など、意欲的な目標が掲げられているように見えるが、増加量で見れば加工食品の3,700億円増が最も大きい。

表 4-2　農林水産物・食品輸出額の目標値と実績値

		2012 年 実績値	2019 年 目標値	倍率	2020 年 実績値
農産物	コメ・コメ加工品	130 億円	600 億円	4.6	347 億円 (注)
	花き	80 億円	150 億円	1.9	115 億円
	青果物	80 億円	250 億円	3.1	294 億円
	牛肉	50 億円	250 億円	5.0	289 億円
	茶（緑茶）	50 億円	150 億円	3.0	162 億円
	加工食品	1,300 億円	5,000 億円	3.8	3,740 億円
	その他	990 億円	—	—	1,613 億円
林産物		120 億円	250 億円	2.1	381 億円
水産物（調製品含む）		1,700 億円	3,500 億円	2.1	2,276 億円
合計		約 4,500 億円	1 兆 150 億円	2.3	9,217 億円

資料：農林水産省「農林水産物・食品の国別・品目別輸出戦略」(2013 年 8 月)、農林水産省「農林水産物輸出入概況」（2020 年版）、農林水産省「令和 2 年農林水産物・食品の輸出実績（品目別）」により筆者作成。
注：コメ、パックご飯、米菓、清酒、米粉、米粉麺の合計値。

　このように、「農産物」輸出金額の目標の中心に加工食品がおかれていることがわかる。

（4）目標の達成状況

　次に目標の達成状況を概観しておこう（**表4-1**）。農林水産物・食品の輸出金額は、2012年まで4,000億円台で推移してきたが、アベノミクス前期の2012年から2015年にかけては4,497億円から7,451億円へ、65.7％という大きな増加率であった。うち農産物の輸出金額の年平均伸び率は18.3％、2012年から2015年にかけての増加率は65.3％であった。そのような中で安倍内閣は「未来への投資を実現する経済対策」（2016年 8 月 2 日閣議決定）に、農林水産物・食品輸出額 1 兆円の達成年次を2019年に前倒すことを盛り込んだ。

　折しも、2016年の為替市場ではそれまでの円安の進展は止み、2020年までに110円／ドル前後で推移してきている。このアベノミクス後期においては、農産物の輸出金額の伸び方は小さくなっている。2020年の農産物の輸出金額は2015年比48％増、6,560億円で、2015年から 5 年間の年平均増加率は8.2％に低下している。結局、農林水産物・食品輸出額は、2019年（9,121億円）はもとより、2020年（9,217億円）に至っても 1 兆円には届かなかった。

　また、農林水産省は、2018年から新たに少額貨物としての農林水産物・食品輸出額の推計値も発表しているが、それを加えても1兆円の目標を達成することはできなかった。

　品目別に見ると（**表4-2**）、最も大きな目標が掲げられていた加工食品は3,740億円、コメ・コメ加工品が347億円、花きが115億円でいずれも目標に達しなかった。一方、青果物は294億円、牛肉は289億円、茶は162億円で目標を上回った。

（5）アベノミクスの農産物輸出への影響

　農林水産物・食品全体として目標には届かなかったものの、この間の輸出金額の変動にアベノミクスが果たした役割は小さくないだろう。

　第2次安倍政権の「第1の矢」である「大胆な金融政策」は、通貨供給量を大きく増大させた。その結果、政権発足時（2012年）の79.8円／ドルから2015年には121.0円／ドルへと、為替レートの変動率は円安方向に51.6％に達した。1ドルの物品を販売したときに受けとることのできる円が51.6％増大した、すなわち円建て価格が51.6％上昇したということになる。この間、仮にドル建て価格と輸出数量を変動させず一定に保ったとしても、円で受け取ることのできる輸出金額は51.6％増大するはずである。それに対してこの間の実際の農産物輸出金額の増加率は為替レートの変動率を上回る65.3％であった。したがって、農産物輸出金額の増加率65.3％の大半を占める51.6％ポイントは、円安による円の受取量の増大によるものに過ぎない。残る13.7％ポイントは輸出数量の増大ないしはドル建て価格の引き上げによるものということができる。このように、マクロに見ればアベノミクス前期における農産物輸出金額の増大は、円安により円の受取額が増えたことによるところが大きく、輸出量の増大やドル建て価格の上昇によるところは小さいものと見ることができる。

　実際の増え方は品目ごとに異なることから、以下、主な品目についてみてみよう（**表4-3**）。以下に示す円建て価格の上昇率が上記の為替レートの変

表4-3　アベノミクス下の主な農産物輸出数量・価格・金額の増加率及び上昇率

品目	アベノミクス前期 (2015年／2012年)			アベノミクス後期 (2020年／2015年)		
	数量	価格	金額	数量	価格	金額
果実（生鮮・乾燥）	183.2	17.0	231.9	-14.9	37.3	16.9
牛肉	86.6	16.5	117.3	200.7	-12.7	162.4
緑茶	75.6	13.9	100.0	27.8	25.3	60.2
野菜（生鮮・冷蔵）	666.6	-59.5	210.8	227.7	-47.6	71.6
米	247.0	-11.4	207.6	157.7	-7.7	137.7
アルコール飲料	66.9	13.2	88.9	3.7	75.5	82.0
ソース混合調味料	26.9	6.7	35.4	35.7	1.9	38.3
清涼飲料水	70.1	-3.9	63.5	78.4	-3.0	73.1
菓子（米菓除く）	52.0	23.8	88.2	0.1	6.1	6.3

資料：農林水産省「農林水産物輸出入概況」（各年版）もとに筆者作成。
注：価格、金額ともに円建ての数値をもとに算出している。また価格はFOB価格である。

動率51.6％を下回っていれば、ドル建て価格は低下したことを意味し、日本産農産物が輸出先で買い求めやすくなったということができる。

　果実（生鮮・乾燥）の輸出数量は183.2％増、円建て価格は17.0％上昇し、輸出金額は231.9％増であった。牛肉の輸出数量は86.6％増、円建て価格は16.5％上昇し、輸出金額は117.3％増であった。緑茶の輸出数量は75.6％増、円建て価格は13.9％上昇し、輸出金額は100.0％増であった。これらは、輸出数量と円建て価格の両方を伸ばした品目である。とはいえ、円建て価格の上昇率は上記の51.6％には至っていない。円安の進展分がそのまま円の受取額の増大に反映されず、その分ドル建て価格が低下し、これら日本産農産物は輸出先では買い求めやすくなっただろう。

　一方、野菜（生鮮・冷蔵）の輸出数量は666.6％増ながら、円建て価格は59.5％低下し、輸出金額は210.8％増であった。また、米の輸出数量は247.0％増ながら、円建て価格は11.4％低下し、輸出金額は207.6％増であった。これらは円建て価格を低下させながら輸出数量と輸出金額を伸ばした品目である。円安が大いに進んだ上での価格低下であるから、これら農産物は輸出先では大幅に買い求めやすくなったものと考えられる。

　以上、果実、牛肉、緑茶、野菜、米については、円安を背景としながら、輸出先での価格を低下させることによって、輸出数量と輸出金額を伸ばした

ということができる。

　加工食品については、アルコール飲料の輸出数量は66.9％増、円建て価格は13.2％上昇し、輸出金額は88.9％増であった。ソース混合調味料の輸出数量は26.9％増、円建て価格は6.7％上昇し、輸出金額は35.4％増であった。清涼飲料水の輸出数量は70.1％増、円建て価格は3.9％低下し、輸出金額は63.5％増であった。菓子（米菓を除く）の輸出数量は52.0％増、円建て価格は23.8％上昇し、輸出金額は88.2％増であった。これら加工食品は、上に挙げた他の農産物に比べ比較的小幅に価格を変動させ、相応にドル建て価格を変動させながら、輸出数量・金額を伸ばしている。

　次に、為替レートが110円／ドル前後で推移してきたアベノミクス後期における品目別の変化についてみてみよう。この期間は為替レートの変動が横ばいないしは円高反転局面であった。2015年から2020年にかけて為替レートは、121.0円／ドルから106.8円／ドルへと11.7％円高方向へ変動した。したがって、以下に示す円建て価格の上昇率が－11.7％を下回っていれば、ドル建て価格が低下したことを意味し、日本産農産物が輸出先で買い求めやすくなったということができる。

　まず、各品目の輸出金額はいずれも増加しているが、緑茶、アルコール飲料、ソース混合調味料、菓子（米菓を除く）の円建て価格は円高反転局面ながら一層上昇しており、輸出先では買い求めづらくなっているはずだが、それでも輸出数量を伸ばしている。これら品目の引き合いが輸出先で強くなっていることが考えられる。

　一方、2015年までとは一転して牛肉、清涼飲料水は円建て価格を低下させている。牛肉の円建て価格の上昇率は－12.7％であり、－11.7％を下回っていることから、その分ドル建て価格が低下したものと考えられる。輸出数量の増加率は200.7％であった。また、清涼飲料水の円建て価格の上昇率は－3.0％と小幅にとどまり、その分ドル建て価格は上昇したものと考えられるが、それでも輸出数量は78.4％増大している。日本産清涼飲料水への輸出先での引き合いが高まっているものと考えられる。

野菜、米はいずれも2015年に比べて更に円建て価格を低下させている。野菜の円建て価格の上昇率は－47.6％と－11.7％を大きく下回っており、ドル建て価格は大きく低下したものと考えられる。輸出数量の増加率は227.7％に達し、輸出先で大いに買い求めやすくなったものと考えられる。米の円建て価格上昇率は－7.7％と－11.7％より大きいため、その分ドル建て価格が上昇しているはずだが、それでも輸出数量が157.7％増大している。輸出先での引き合いは強まっているものと考えられる。

　唯一輸出数量を減少させたのが果実である。果実の円建て価格は37.3％上昇したことから、ドル建て価格も相応に上昇したものと考えられる。そのもとで輸出数量は、14.9％減少した。

表4-4　農林水産物・食品輸出関連予算の推移と構成

事業の主旨 ＼ 年度	2000	2001	2002	2003	2004	2005	2006	2007
会議体の設置、運営	0.00	0.00	0.00	0.00	0.00	0.00	0.00	0.82
プロモーション中心とするマーケティング（A）	80.64	55.34	46.90	26.82	56.46	100.00	86.63	19.80
A（特に日本食・日本食材の普及のための事業）	0.00	0.00	0.00	0.00	0.00	0.00	0.00	8.61
A（特にJETROを活用した事業）	0.00	0.00	0.00	0.00	0.00	0.00	0.00	0.00
輸出先国の規制への対応	18.49	43.99	42.27	64.15	0.00	0.00	0.39	0.00
知的財産の保護	0.00	0.00	0.00	0.00	0.00	0.00	1.17	0.00
規格・認証の活用	0.00	0.00	0.00	0.00	0.00	0.00	0.00	0.26
サプライチェーン・フードバリューチェーンの構築	0.00	0.00	0.00	0.00	0.00	0.00	0.00	19.72
原発事故対応	0.00	0.00	0.00	0.00	0.00	0.00	0.00	0.00
施設整備（青果・食肉流通）	0.00	0.00	0.00	43.54	0.00	0.00	0.00	48.59
施設整備（食品製造業）	0.00	0.00	0.00	0.00	0.00	0.00	0.00	0.00
金融（利子負担の軽減）	0.00	0.00	0.00	0.00	0.00	0.00	0.00	0.00
生産技術開発・実証	0.00	0.00	0.00	0.00	0.00	0.00	0.00	0.00
直接支払（面積払）	0.00	0.00	0.00	0.00	0.00	0.00	0.00	0.00
インフラ輸出、海外投資	0.00	0.00	0.00	0.00	0.00	0.00	0.00	0.00
GFP グロ バル産地づくり推進事業	0.00	0.00	0.00	0.00	0.00	0.00	0.00	0.00
農業農村整備事業（公共事業）	0.00	0.00	0.00	0.00	0.00	0.00	0.00	0.00
特に林産物を対象とした取組	0.00	0.00	0.00	0.00	0.00	0.00	2.33	0.65
特に水産物を対象とした取組	0.87	0.66	10.83	9.03	0.00	0.00	9.48	1.55
計	100.00	100.00	100.00	100.00	100.00	100.00	100.00	100.00
実数（億円）	2.31	3.02	2.96	1.75	8.04	6.02	12.87	78.20

資料：『農林水産省年鑑』各年版、「予算概算決定の概要（輸出促進関連）」各年版、「農林水産関係補正予算について」各年

3．輸出予算の推移と構成

　日本の農林水産物・食品輸出促進関連予算の推移を**表4-4**に示した。農林水産物・食品輸出の促進のための予算については、『農林水産省年鑑』（各年版）、「農林水産予算概算決定の概要（輸出促進関連）」（各年版）、「農林水産関係補正予算の概要（輸出促進関連）」（各年版）に、事業ごとに示されている。**表4-4**は、筆者が各事業をその主旨によって分類し、それぞれの予算額が当該年度の農林水産物・食品輸出促進関連予算の総額に占める割合を示そうと試みたものである[15]。

　予算の総額は21世紀初頭、１～３億円台で推移していたが、上述の小泉首相の施政方針演説のあった2004年度に８億円に跳ね上がり、第２次安倍内閣発足後の2013年度には300億円を越え、2020年度には約3,000億円へと文字通

単位：%

2008	2009	2010	2011	2012	2013	2014	2015	2016	2017	2018	2019	2020
2.54	2.93	0.00	0.00	0.00	0.66	0.44	0.80	0.50	0.29	0.00	0.05	0.00
45.12	68.97	76.02	66.58	38.92	2.00	3.21	4.07	2.89	0.00	0.00	0.00	0.00
19.03	18.96	11.83	0.00	22.12	14.15	4.20	5.88	2.99	2.37	0.00	0.07	0.07
0.00	0.00	0.00	0.00	31.60	3.79	2.92	7.30	6.57	3.25	31.15	17.73	3.98
1.41	2.39	0.00	0.00	0.00	0.00	1.18	2.77	2.33	1.90	11.26	6.69	3.65
1.86	1.96	3.07	0.00	0.00	0.00	0.00	0.00	1.67	1.32	0.91	1.69	0.11
26.54	0.00	0.00	0.00	0.00	0.00	0.69	0.00	2.22	0.78	0.45	0.30	0.03
0.00	4.80	9.07	0.00	0.00	0.00	3.40	5.13	5.09	8.18	0.00	0.00	1.64
0.00	0.00	0.00	33.42	7.35	0.00	0.28	0.00	0.00	0.00	0.00	0.00	0.00
0.00	0.00	0.00	0.00	0.00	36.66	46.96	10.57	0.00	20.32	20.52	10.56	34.87
0.00	0.00	0.00	0.00	0.00	0.00	0.00	0.00	0.00	0.00	17.94	5.85
0.00	0.00	0.00	0.00	0.00	0.00	0.00	0.00	0.00	0.00	0.00	0.00	0.58
0.00	0.00	0.00	0.00	0.00	0.00	0.00	0.00	0.00	0.00	0.00	0.00	2.09
0.00	0.00	0.00	0.00	0.00	0.00	0.00	0.00	0.00	0.00	0.00	0.00	9.77
0.00	0.00	0.00	0.00	0.00	0.00	0.58	1.33	2.79	1.48	2.46	2.01	0.25
0.00	0.00	0.00	0.00	0.00	0.00	0.00	0.00	0.00	0.00	3.28	2.62	0.68
0.00	0.00	0.00	0.00	0.00	0.00	0.00	0.00	0.00	0.00	0.00	0.00	21.42
0.00	0.00	0.00	0.00	0.00	0.00	0.00	0.00	0.00	0.00	0.22	0.24	12.76
3.50	0.00	0.00	0.00	0.00	42.73	36.14	62.14	72.95	60.11	29.75	40.11	2.26
100.00	100.00	100.00	100.00	100.00	100.00	100.00	100.00	100.00	100.00	100.00	100.00	100.00
31.16	25.14	13.05	22.62	32.37	302.80	342.85	189.23	301.49	492.09	292.43	378.81	2967.71

版もとに筆者作成。

り桁違いに増大してきている。

　次にその内容を見てみよう。

　2003年度までの予算は、①プロモーションを主とするマーケティングの支援（海外小売店でのテスト販売、国際見本市への出展、市場開拓ミッションの派遣、国内外でのセミナーや試食会、商談会の開催、アンテナショップの設置、市場開拓のための調査等）、②輸出先国の規制への対応（植物検疫や食品衛生条件に適合した産地環境整備、防除技術開発等）、③特に水産物を対象とした取り組み（展示試食会、市場開拓のための調査、海外の安全・衛生基準に対応するための調査等）によって構成されている。

　2004年度から2012年度までは、①引き続きプロモーションを主とするマーケティングの支援が主な事業として位置づけられつつ、②特に日本食・日本食材の普及のためのマーケティングの支援（海外日本食優良店の調査、優良店基準の策定・普及、日本食材・日本食の普及啓発活動等）、③特にJETROを活用したマーケティングの支援（ビジネスサポート、プロモーション等）のように、マーケティング活動への支援が手厚くされた。

　さらに、④知的財産権の保護（日本オリジナル品種保護のためのDNA分析技術の開発、海外での日本品種登録支援、出願マニュアル作成、品種保護フォーラムの開催等）、⑤規格・認証の活用（GAP導入、日本茶の認証管理システムの構築等）、⑥サプライチェーン・フードバリューチェーンの構築（産地の共通課題解決のためのモデルの提示・普及、産地間連携の促進、輸出振興のための生産・流通・加工技術の開発促進・実証、複数事業者のコンソーシアムによる海外展開の支援等）等、支援内容の多様化が図られている。加えて、継続的ではないが、2004年度、2007年度に、⑦ハード整備（農産物の集出荷施設、鮮度保持施設等導入支援）のための予算も確保されており、このことが前年に比べて大きく予算額を押し上げる要因となっている。また、⑧東日本大震災に伴う福島原子力発電所事故による放射能汚染に対応して、放射性物質検査機器の導入支援や安全性に関するプロモーションのための予算が2011年度、2012年度にまとまって確保されている。

　第2次安倍内閣発足後まもなく決定した2013年度予算以降は、前年度まで
の多様な事業が継続された上で、青果物の集出荷施設や食肉処理施設、食品
産業の施設整備、水産物輸出のための施設整備といったハード整備のための
予算が大きな比重を占め、また継続的に確保されるようになっている。特に
水産物輸出に関しては、岸壁の整備が含まれる場合もあり、構成比が大きく
なっている。また、2014年度からは日本の食産業のインフラを輸出し、その
ための投資を進めるための情報収集等のための予算が、2018年度からはGFP
（農林水産物・食品輸出プロジェクト）グローバル産地づくり推進事業関連
予算も継続的に確保されている。GFPグローバル産地づくり推進事業は、農
産物輸出等の海外展開を志向する農林漁業者や食品製造加工事業者等を含む
3者以上の連携体の輸出事業計画を国が認定し、認定を受けたものは各種の
輸出促進関連事業において優遇措置を受けられるというものである。一方、
農林水産物・食品輸出促進関連予算の中心的な位置を占めてきたマーケティ
ング活動への支援は、対象を日本食・日本食材に明確化したり、JETROを
積極的に活用する方向へと意味内容を変化させている点も指摘できよう。

　2020年度は、新たに①農産物輸出等に取り組む農業者のスーパーL資金・
農業近代化資金の金利負担を軽減する金融面での支援、②輸出向けの米生産
の取り組みに対する4万円／10aの直接支払い、③農産物の輸出拡大に取り
組む地域の農地や農業水利施設整備への農業農村整備事業の活用、④スマー
ト農業技術の開発・実証といった事業が新たに加わり、農林水産物・食品輸
出促進関連予算の多様性は一層高まった。

4．結論

　最後に、本章の内容を要約して、冒頭の課題に答えたい。

　21世紀の日本の農産物輸出政策は、「攻めの農政」の掛け声のもと、林産物、
水産物、加工食品を合わせた「農林水産物・食品輸出政策」として、輸出金
額の数値目標を設定しつつ、顕著に国の予算を増やし、アベノミクス前まで

は主としてプロモーションを中心とするマーケティング活動の支援に注力した。それに対して、輸出金額の伸びは一進一退を繰り返した。

　2012年12月、第2次安倍内閣が成立して以降は、農林水産物・食品輸出額の数値目標は1兆円に据え置かれつつ、農産物としての加工食品の輸出額を最も大きく伸ばそうとする品目別の数値目標が設定された。2019年までに1兆円を達成することはできず、また当初掲げられた品目別目標とは裏腹に加工食品の輸出額は目標に届かなかったが、青果物、牛肉、茶は目標を達成した。

　全体としては目標に達しなかったものの、アベノミクス「第1の矢」である量的金融緩和政策のもとで、農林水産物・食品輸出額、農産物輸出額ともに顕著な増大を見せた。円安が進展したアベノミクス前期には、主な輸出品目は軒並み輸出先での価格を低下させながら輸出数量、輸出金額を増大させていた。その中で、日本産農産物に新たに触れ、あるいは一層慣れ親しんだ世界の消費者が生み出されたことだろう。一方、円高へ反転したアベノミクス後期は、緑茶、アルコール飲料、ソース混合調味料、菓子（米菓を除く）、清涼飲料水、米のように輸出先での価格を上昇させながらも輸出量を伸ばした品目がある一方で、野菜、牛肉のように一層輸出先での価格を低下させながら輸出量を伸ばした品目、輸出先での価格を高めながら輸出量を減らした果実のように、品目によって価格と数量の変動に差異が見られるようになっている。一面では、アベノミクス前期に日本産農産物に触れた世界の消費者がアベノミクス後期になって品目ごとに異なる反応を示しているということもできるだろうし、日本の産地等が輸出向け製品の等階級や価格帯を変化させてきているということもできるだろう。

　輸出促進関連予算は、小泉内閣以降、プロモーション等のマーケティング活動の支援、すなわちソフト事業を中心として確保されてきたが、アベノミクス以降はハード整備に関わる事業が継続的に加わって大幅に増大した。輸出目標を達成できないまま迎えた2020年度の輸出促進関連予算は3,000億円へと、「異次元」の増大を見せている。1兆円弱の輸出金額には不釣り合い

なほどの規模である。しかしその内容をよく見ると、ハード事業への予算額が一層大きくなり、また農業農村整備事業や米生産に対する直接支払いなど、既存の事業に輸出を関連付けたものが含まれるようになっている。GFPグローバル産地づくり推進事業のように、輸出に取り組む事業者を認定し、輸出関連事業において優遇する措置も現れている。

　2020年3月6日、「農林水産物や食品の輸出拡大に向けた関係閣僚会議」（議長：菅官房長官）は、2019年までに農林水産物・食品輸出額が目標の1兆円に達しなかったことを認めつつも、輸出額が大きく伸びてきていることを踏まえ、生産基盤強化策も講じながら、2025年までに2兆円、2030年までに5兆円を目指すとした。上述のように、既存の予算に輸出が関連付けられ、また輸出に取り組む事業者に対して選択的に予算を手当する方針が現れつつある。今後、より高い数値目標へ向けて、こうした傾向が強まっていくことが想定される。

　付記：本稿の執筆時点（2021年11月4日）のあと、2021年の農林水産物・食品輸出金額が1兆に達した。このことについて、本稿の分析内容には影響しないことから、本文では特段言及していない。

注
1）総務省「統計トピックスNo.119　統計が語る平成のあゆみ」（2019年4月26日）参照。
2）United Nations, Department of Economic and Social Affairs, Population Division（2019）. World Population Prospects 2019, Online Edition. Rev. 1. における中位推計の値。
3）2004年1月19日、第159回国会における施政方針演説。
4）2005年1月21日、第162回国会における施政方針演説。
5）暉峻（2003）参照。
6）農林水産省「食料需給表　令和2年度」参照。
7）農林水産省『平成24年度食料・農業・農村白書』参照。
8）磯田宏「世界農業食料貿易構造の現局面〜フードレジーム論及び食生活の政治経済学を参照して〜」（日本農業市場学会2021年度大会シンポジウム報告）。

9）学術書としては石塚・神代編著（2013）、佐藤（2013）、福田編著（2016）、福田編著（2019）、増田・中村・石塚編著（2021）等、また多くの輸出事例を紹介した著書として下渡（2018）がある。その他学術論文も多数発表されている。

10）読売新聞2011年 6 月27日付朝刊参照。

11）ラノリン、ゼラチンは2009年版から明記されるようになった。

12）品目別輸出戦略については、第 3 回攻めの農林水産業推進本部（2013年 4 月19日開催、座長は農林水産大臣）においてすでに案が示されていた。

13）ただし、そのうち生鮮食品としてのコメの占める割合は明示されていない。

14）ただし、青果物には乾燥果実、冷蔵・乾燥野菜を含む。

15）事業によっては、**表4-4**に列挙する「主旨」が複数含まれている場合もあり、各主旨に対してどの程度の金額が充当されているかの判別が困難な例もある。あくまで筆者の判断により各事業の主旨を読み取り分類した結果を**表4-4**に示しているため、その分類の厳密性には一定の限界があることをお断りしておく。

引用・参考文献

福田晋編著（2016）『農畜産物輸出拡大の可能性を探る―戦略的マーケティングと物流システム―』農林統計出版

福田晋編著（2019）『加工食品輸出の戦略的課題―輸出の意義、現段階、取引条件、及び輸出戦略の解明―』筑波書房

石塚哉史・神代英昭編著（2013）『わが国における農産物輸出戦略の現段階と展望』筑波書房

神代英昭・数納朗（2013）「わが国における農産物輸出戦略の展開と特徴」上掲石塚・神代（2013）所収、pp.21-36

増田聡・中村哲也・石塚哉史編著（2021）『大震災・原発事故以後の農林水産物・食品輸出』農林統計出版、2021年

佐藤敦信（2013）『日本産農産物の対台湾輸出と制度への対応』農林統計出版

下渡敏治（2018）『日本の産地と輸出促進―日本産農産物・食品のグローバル市場への挑戦―』筑波書房

暉峻衆三編（2003）『日本農業150年』有斐閣

栩木誠・森高正博・福田晋（2010）「国産農水産物輸出拡大目標の策定と問題点」『九州大学大学院農学研究院学芸雑誌』第65巻第 2 号、pp.107-109

（成田拓未）

第5章

流通再編下における米の需給調整・市場政策の展開と課題

1. 課題および視角

(1) 本稿の課題

　元来、日本において米は、主食として特別に扱われ、そこから来る市場制度・政策も別格の装いであった。食糧管理法（1942年〜）下での生産・流通の全段階に渡る「管理」と、その後の旧・食糧法（1995年〜）下での流通規制の緩和および価格形成センターでの入札・市場原理による自主流通米価格の形成が本稿の「前史」である。旧・食糧法下では、消費・流通段階の取引き規制が緩和・撤廃され、価格は民間の取引きに任せることとされても、生産調整・減反面積の配分（入口対策）および輸出入・政府在庫管理・転作誘導（出口対策）は、国の責任・積極的関与の下で行われてきた。新・食糧法下の現段階（2012年〜のアベノミクス農政）では、入口対策において国の関与を限りなく減らし、出口対策は一定残すものの、入口対策との連動はなくし、政府在庫管理も需給調整には活用しないとして、国の責任後退を「完了」させつつある。ひとことでいえば、国は余計な手出しはせず「情報提供」に徹することで、あくまで市場原理に任せた需給調整および民間取引きに任せた価格形成を貫徹させることが政策の基本スタンスとなった。しかし、いまだに残存する米の商品的特殊性のもと、自由なたたき合い・市場原理による

「調整」では、必ずしもうまく機能せず、制度設計には多くの矛盾をはらむ。市場環境が不安定化し、集出荷、卸・精米加工、小売・炊飯の各段階では、企業同士の統合・再編が始まっている。複雑化するシステムの中で、国の関与が縮小することにリスクはないのか。政策意図とその成果検証、国民的立場からの市場安定に向けての論点整理を試みたい。なお、本稿で議論の対象とする米政策は、需給調整および価格にかかわる市場制度とする。米政策は、単なる品目論を超えた農業構造政策や経営所得政策、農村（環境）政策などあらゆる水田農政を包含する側面があり、それが制度の特質でもあるが、議論の焦点が多岐にわたり過ぎぬよう、それらは明示的には扱わない。

（2）米の商品特性：価格シグナルによる調整に向かない制度的流通商品

　まず、議論の前提として、わが国における米の商品特性を確認しよう（図5-1参照）。供給面からいえば、米は穀物以外の他の農産物と比較して、貯蔵性があり、基本的には、年１回の生産分が通年で少しずつ消費されていく。世界的にはモミでの貯蔵が主流だが、日本ではモミ摺りをして玄米で貯蔵（カントリーエレベーター等での産地保管）される。一定の貯蔵コスト・保管システムを必要とするが、安定的な供給、品質の判別・管理が可能であり、反面、劣化して供給がリセットされないため、過剰が生じると、その影響は長期にわたる。収穫後１年を過ぎると「古米」として、一気に商品価値・価格

貯蔵性	主食
温度水分管理過程・貯蔵コスト 年１回生産→１年間少しずつ消費 （腐って）リセットされない 過不足が長期（年単位）で影響	良くも悪くも需要（短期では）安定 食文化面での代替性低い・必需性 （適地過ぎ）生産・供給の硬直性 少しの過不足で価格変動
加工（精米・炊飯）過程を伴う	消費減
（収穫後）流通過程で一定の加工 もみ→玄米→精米・・・更に延長 用途別に多様な加工＋用途別需給 流通多段階とそのシステム化	食生活多様化とコメ消費の長期減 中・外食ニーズ増と簡便化志向 （消費を握る）川下主導型流通再編 消費拡大・市場創造の司令塔は？

図5-1　わが国における米の商品特性

が下がるのも日本の特徴である。食品表示法では、米を販売する際、容器包装に原料玄米の年産を表示することとしている。

　需要は、主食として、良くも悪くも短期的には安定的（硬直性）といえる。少なくとも野菜等の園芸産品のように、日々、あるいは季節（旬）ごとに個々の品目の需要が変動し、多様な品目が組み合わされ、代替しあいながら購買・消費される訳ではなく、需要の価格弾力性は小さい[1]。そのため、年産ごとに過不足が発生すると価格が乱高下しがちだが、それによって消費が急激に喚起されたり、手控えられることは少なく、価格シグナルによる短期的な需給ギャップ解消は困難である。

　多数の生産と多数の消費の間には、精米加工や炊飯などの行程（家庭用及び業務用の主食用米）が必要であり、更には、各種米加工品や飼料米など多様な用途（非主食用米）と、それぞれの用途に対応した多元的な流通ルートが互いに関連し合いながら併存する。そのため、制度上も、主食用米、加工用米、新規需要米や備蓄米など複数の用途別管理・流通システムが形成されており、コメ市場全体の整合性を担保するには、互いに関連し合う多用途間のデリケートな政策的調整が必要となる。

　市場システム全体を覆う課題となっているのが、長期にわたる米の消費量減少・過剰問題である。米政策100年を俯瞰すれば、前半50年は悲願の主食自給を達成するまでの増産政策だったが、その後、現在に至る米政策の主眼は、過剰作付けを減らす減反政策・米（主食用米）生産を減らす生産調整政策であった。現下の消費減は年間10万tのペースとなっており、需要減による過剰→過剰による価格低下→それでも回復しない消費→更なる過剰・価格低下の悪循環の下にある。

2．米市場政策の展開と現段階（新自由主義）的特徴

　さて、それでは米政策改革大綱（2002年）を起点とする現段階における米の需給調整・価格政策の展開を跡付け、その特徴を整理しよう。以下では、

3期に分けて議論するが、そこに貫かれる農業構造論としての目標の源は、食料・農業・農村基本法（21条）における「国は、効率的かつ安定的な農業経営を育成し、これらの農業経営が農業生産の相当部分を担う農業構造を確立する」（いわゆる担い手重視）および、それを踏まえて策定された「農業構造の展望2005」[2]における「稲作を主体とした経営体（家族および集落営農）が経営耕地面積の7～9割を目指す」とした選別主義的な理念である。

米政策改革大綱では、今後の需給調整対策、流通制度、経営・構造政策、水田利用、その他広範囲な改革（米政策の大転換）が掲げられ、そこでは「米づくりの本来あるべき姿」「売れる米づくり」が強調された。本来あるべき姿とは「効率的かつ安定的な経営体が、市場を通して需要動向を鋭敏に感じとり、売れる米づくりを行うこと」[3]であり、そのための需給調整は、国の責任ではなく「農業者や産地が、自らの判断により適量の米生産を行う等、主体的に需給調整」する。「集荷・流通については、必要最小限の規制の下で、消費者ニーズに即した多様な流通が行われ」、農協「系統米事業のあり方や価格形成システムの見直し」をする等「消費者重視・市場重視の考え方に立った需要に即応した米づくり」とされた。また「米の過剰基調が継続し、これが在庫の増嵩、米価の低下を引き起こし、その結果、担い手を中心として水田農業経営が困難な状況に立ち至っている」ことを認めつつも「過剰米に関連する政策経費の思い切った縮減が可能となるような政策を行う」として、結果責任を農業者に押し付けたことも特徴である。

（1）第1期：新・食糧法下での米政策改革の開始

上記、米政策改革大綱をベースに、食糧法（2005～）が改訂された。旧・食糧法（第2条）では「政府は……米穀の需給の均衡を図るための生産調整の円滑な推進……を行う」と規定されていたが、新・食糧法では「国は、農業者・農業者団体の主体的な需給調整の取組みの支援を行う（第6条）」のみの記述に後退し、「生産出荷団体等が（認定方針作成者）……情報提供および自らの販売戦略等にもとづき、米穀の生産数量の目標の決定を行い……

農業者への生産数量目標の配分を行う（第5条）」こととなった（減反面積・ネガ配分ではなく生産数量目標・ポジ配分への変更を伴う）。

　また、流通制度の変更としては、計画流通米制度を廃止し、当初は「価格形成の場」とした全国米穀取引・価格形成センターも、主食用米が計画流通米ではなく民間流通米になったため、上場の義務がなくなり、上場数量の激減の下で2011年には廃止された（それ以前から指標価格としての価値を失った）。2006年からは、業者間の取引き結果を事後的に農水省が（5,000 t 以上の年間取扱い業者に対し）ヒアリングした相対取引価格が、公表される指標価格として扱われるようになった。食糧管理法時代には指定・許可制だった産地集荷・流通業者は、旧・食糧法時代には登録制となり、新・食糧法では届出さえすれば誰でも参入できる届出制になり、かつ届出販売事業者として卸・小売の区分が制度上なくなった。産地集出荷段階においては、系統米事業のあり方は見直しの対象であり、単位農協と連合会は、届出出荷業者として一本化され、互いに販売を競い合う関係（単協直販ルートの拡大）すらも成立可能となった。

　生産調整実施者へのインセンティブ措置として、（主食用）米価下落による収入減少緩和のための「稲作所得基盤確保対策」および担い手への上乗せ2階部分となる「担い手経営安定対策」が開始され、2007年からは担い手のみに対象を絞った品目横断的経営安定対策（のちに水田・畑作経営所得安定対策）の「収入減少影響緩和対策」が開始された。出口対策としては、非主食用（新規需要米：飼料用米と米粉用米）への高単価助成が開始された。

　いずれも今日（第3期）に繋がる制度設計であり、需給調整、すなわち米過剰に対応して生産量を絞るとともに、過剰による価格低下（同時にWTO対応としての国際競争力向上を兼ね）に耐えられる比較的低コスト生産が可能な大規模な担い手層を手厚く支援し、非担い手の市場退出を誘導しつつ担い手への農地集積を進める「需給調整・生産縮小と構造政策・担い手の規模拡大・生産増の両立」への挑戦が図られたといえる。

　ただし、担い手に助成を集め、それ以外を過剰基調下での市場原理の世界

表 5-1　主食用米の生産調整実績の推移と価格動向

単位：千 ha、万 t

年産	生産数量目標（面積換算）	実作付面積	超過・前年比面積	超過・前年度比増県	6月末民間在庫量	米価
2004	1,633	1,658	25	21	175	15,711
2005	1,615	1,652	37	22	182	15,128
2006	1,575	1,643	68	27	184	15,203
2007	1,566	1,637	71	31	161	14,164
2008	1,542	1,596	54	23	212	15,146
2009	1,543	1,592	49	21	216	14,470
2010	1,539	1,580	41	23	181	12,711
2011	1,504	1,526	22	21	180	15,215
2012	1,500	1,524	24	19	224	16,501
2013	1,495	1,522	27	20	220	14,341
2014	1,446	1,474	28	21	226	11,967
2015	1,419	1,406	△13	11	204	13,175
2016	1,403	1,381	△22	11	199	14,307
2017	1,387	1,370	△17	11	190	15,595
2018	－	1,386	16	20	189	15,688
2019	－	1,379	△7	4	200	15,720
2020	－	1,366	△13	2	218	14,737
2021	－	1,303	△63	0	－	13,033

年産	需要量見通し（推計値）	生産量万 t	過剰量（万 t）	－		同上
2018	735	733	△2	－	189	15,688
2019	727	735	8	－	200	15,720
2020	716	723	7	－	218	14,737
2021	702	701	△1	－	－	13,033

資料：農水省「都道府県別の主食用水稲作付状況について」各年版
　　　農水省「米穀の需給及び価格の安定に関する基本指針」2021.11
　　　農水省「主食用米、戦略作物等の作付意向及び作付状況等について」各年版
注：1）米価は～2005 はコメ価格センター指標価格で以降は相対取引価格，2021 産は 12 月まで
　　2）2017 年産までは生産数量目標の配分があるため実作付面積との差を超過面積として記載した
　　3）2018 年産以降は生産数量目標の配分がなくなったため前年比の増減面積を記載した
　　4）民間在庫量は、当年産が多く反映されることを想定して翌年度数値を当年欄に記載した

に投げ出す選別的な政策パッケージ[4]は農村での大きな反発を招き、民主党への政権交代の遠因ともなった[5]。急進的な選別型米政策は、一旦、頓挫することになる。生産調整参加へのメリットが減少し、「売れる米づくり」が標榜される下で、自らの判断により生産するべしという政策メッセージは、非担い手層に生産調整への協力意識を低下させた。生産数量目標値を超える過剰生産は、2.5万ha（2004年産）から7.1万ha・31県（2007年産）へと拡大し、民間在庫の増加[6]・価格低下を招いた（**表5-1**参照）。

（2）第2期：米戸別所得補償制度による生産調整参加メリットとの紐付け

　替わって登場したのが、民主党政権下での「戸別所得補償制度」（2010年〜）である。そこでは、生産調整について「引き続き農業者・農業者団体・行政が適切に連携して生産数量目標の達成に向けて取り組む」とされ、国の積極的関与が再びうたわれた。そのためのメリット措置として、「米の標準的な生産にかかる費用」と「標準的な米販売価格」との差額を、米の所得補償交付金として国が直接農家に交付することとし、交付対象者を「米の生産数量目標に即した生産を行った販売農家・集落営農のうち、水稲共済加入者又は前年度の出荷・販売実績のあるもの」とした。制度加入にあたって耕作規模等の要件を付けなかったことが特徴である。具体的には、恒常的に生産コストを下回る部分として、1.5万円／10aの定額部分を毎年補償（米の直接支払交付金）し、それに加えて当年産の販売価格が標準的販売価格を下回った場合、その差額を上積みして支払う変動部分（米価変動補填交付金）とで構成された。

　担い手のみを対象とせず、また「標準的な費用」としたことで、担い手の生産コストを賄うのみではなく、より高コストな小規模層にも配慮した支払い単価とした（低コストな担い手層は、よりメリットが大きく、実際の制度加入率は大規模層ほど高い）。交付金額としては、米価が下落した2010年産では固定分1.5万円＋変動分1.51万円の計3万100円/10aが交付され、続く2011年・2012年産は、米価回復により固定分のみとなった。主食用米からの転換助成（建前上は主食用米を減らすのではなく食料自給率の低い作目の振興のため）については、制度を「水田利活用自給力向上事業」として一本化し、10a当たりの交付単価は、麦・大豆等3.5万円、米粉用・飼料用等の新規需要米8万円、ソバ・加工用米等2万円の全国一律助成とした。また、交付対象は「これまで生産調整に参加してこなかった農家が参加しやすくなるよう」米生産数量目標の達成にかかわらず交付することとした。結果としては、2012年の米の所得補償交付金の加入実績は、加入者の作付け面積換算で

115万haと生産数量目標の150万haの77％を占め、過剰作付けは2.2万ha・21県（2011年産）へと縮小し、民間在庫量の減少、価格上昇など一定の需給引き締まり・政策効果が発揮された（前出**図5-1**参照）。

（3）第３期：アベノミクス農政下での国による生産調整廃止

3.11東日本大震災を挟む再度の政権交代により、米政策の構えは第１期に回帰する。加えて、ここでの改革論は、官邸・財界主導の性格を強める（いわゆるアベノミクス農政）。戸別所得補償制度および生産調整廃止についての議論が、総理大臣を議長とする産業競争力会議における新浪剛史（民間委員・当時ローソン社長）委員からの提案[7]を契機に開始され、ダボス会議（2014年１月）における安倍首相の年次冒頭演説「40年以上続いてきた、コメの減反を廃止します。民間企業が障壁なく農業に参入し、作りたい作物を、需給の人為的コントロール抜きに作れる時代がやってきます。」により国際公約となった。

これらを受け、農水省は「新たな農業・農村政策（４つの改革）」（2014年〜）を掲げ、その中で経営所得安定対策（米所得補償制度）および米・水田利活用政策の見直しが進められることとなった。具体的には、まず主食用米への助成は、米価変動補填交付金（変動分）は即時廃止とされ、米の直接支払交付金（固定分）についても激変緩和のための時限措時とされ、半額の7,500円／10ａに引き下げた上で、2018年産から廃止されることが明記された。理由としては「構造改革にそぐわない面があったため」とされる。更には、「生産調整を含む米政策も、これまでと大きく姿を変え、行政による生産数量目標の配分に頼らずとも、需要に応じた主食用米生産が行われるよう、環境整備を進めること」とされ「生産者や集荷業者・団体の自主的な経営判断に基づく需要に応じた生産・販売」の原則が再確認された（いわゆる国による生産調整廃止）。他方、非主食用米を含む転作助成は、水田活用の直接支払交付金として、新規需要米（飼料用・米粉用米）では収量に応じて最高10.5万円／10ａとする等の一部拡充を含み、出口対策としては継続された。2018

年産からは新規需要米のなかに新市場開拓用米（輸出用等）が追加され、のちの水田リノベ事業では単価も引き上げられる。

　国からの生産数量目標配分がなくなっても、各県では、多くの県農業再生協議会においては、それに替わる県独自の生産目標や目安を示す等の行政による関与は図られた。しかしながら生産調整への参加メリットと直接紐付けられた交付金がなくなることは重大で、生産調整への誘導力が低下する中での地域や県の農業再生協議会にできることは限られた。

　時限措置の間は、半額とはなったが米の直接支払交付金（固定分）が残存し、生産数量目標配分が継続され、更には2014年産の価格急落を受けた（生産数量目標を超えて生産を調整する場合の）自主的取組参考値の提示、それに協力・達成した都道府県に5,000円/10 aの産地交付金を配分する誘導策が追加されたこともあり、前出表5-1の通り、短期的には、需給の引き締まり・価格回復の下で2018年を迎えるためのソフトランディングが図られた。2018年産以降は局面が変わり、行政によるコントロールのタガが外れことによる矛盾が顕在化する。2018年産では、いったん主食用米の作付けが拡大し、その後も、国が発出する需要量見込み（推計値）から見れば、過剰な米生産が継続する。民間在庫量は増加し、価格は低下局面に入った。

　2018年産から2020年産まで、主産県での不作が続き（全国値としても作況指数は、それぞれ98、99、99）、平年作・豊作だったなら、より早期に現れたであろう諸矛盾は一定、先送りされた面もあるが、そのこと自体、その後の時限爆弾を生むリスクを高めた。主食用米への直接支払がなくなるならば、経営収支を改善するためには米価を回復させるしかなく、そのためには過剰を減らし需給均衡を図るしかないという一般的共通認識は、徐々に農業界に浸透していくとしても、いざ個々の生産者や産地が自主的な経営判断として水稲を作付けしてみて、それが結果的に一定の販売成果をあげれば（それがたとえ全国的な不作や他者の努力の成果、そこへのフリーライダーだったとしても）次期作においての危機感は薄まりがちとなろう。また、主食用米の価格・販売条件が改善するほど、相対的には非主食用米・米以外への転作に

対するモチベーションは低くなり、主食用米への回帰を呼ぶ。多くの努力により、かろうじて維持された需給・価格条件は、それが叶えば叶うほど、次の過剰を準備しかねない。個々の生産者や集荷業者・団体における短期的には合理的な経営判断・需要に応じた生産の積み上げが、長期的な需給均衡を保証する訳ではない。だからこそ、これまで長らく（長期的）需給調整機能の主体が国とされてきたのであり、国は「引き続ききめ細かな情報提供や水田フル活用に向けた支援」を続けるとしたが、現状の予算的制約の下での出口対策だけでは、生産者や集荷業者・団体が主体となって需給調整を行える条件が整備されているとはいい難い。

3．米市場における自由化（国の責任後退）の進展と流通再編

　上記、制度的な矛盾を深める中での米市場の再編とその政策論的含意について必要な限り、確認しておこう。

（1）川上（系統集出荷）段階における市場奪い合いと産地間競争の激化

　入口（生産）対策の弱まりは、当然ながら流通の川上段階（産地における集出荷構造）に最も大きな影響を与える。しかも、これまで産地集荷の主役であった系統農協の米販売事業は「あり方を見直す」とされ、農協改革自体がアベノミクス農政の目玉とされる状況であった。

　新・食糧法体制の下で、各産地は縮小するパイを奪い合う産地間競争を迫られ、過剰時には、古米在庫を抱えるリスクを回避するための値引き販売に走らざるを得ない。各産地の品種銘柄間の価格変動は連動性が強い。ある産地の値引き販売は、玉突きで他産地に影響し、価格水準全体を引き下げてしまう。**図5-2**に示すように、米政策改革の下で、米価格は全体として低下し続け、かつ価格上位県ほど価格低下が大きい。全体として価格差を縮小させながら、多くの産地が疲弊する（低価格）販売競争から抜け出せないでいる。産地間の販売競争は、県間の競争および県内各産地同士の市場の奪い合いだ

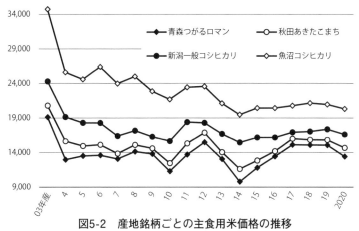

図5-2　産地銘柄ごとの主食用米価格の推移

資料：農水省「米マンスリーレポート」
注：05年産までは米価格センター指標価格，以降は相対取引価格

けでなく、各県における単協直販と県域の系統共販との競合をも含んで展開
し、更には、従来存在した産地品種銘柄ごとの価格帯・販路の棲み分けが溶
解し、価格上位県が低価格業務用米にも手を出し、価格下位県も新品種等で
高価格帯を狙う「フルライン化」により互いに喰いあう。米の川上段階の流
通構造が全国共販から全国競販へと性格を変えてきたのがこの間の動きと考
える[8]。その政策的含意は、法が想定する「農業者・農業者団体の主体的な
需給調整の取組み」のための産地段階における統一的集荷・販売行動の成立
条件が、掘り崩されていることへの新たな対策が必要という点である。川上
段階における系統農協の米取扱いシェア（2019年産）は、単協直売を含めて
も52％（298万 t ）、全農などの全国集出荷団体のみでは43％（237万 t ）し
かなく[9]、これは農家直売244万 t にも及ばない。販売の体制はバラけてい
るのである。

（2）川中・川下段階における流通再編と消費の変化

　加えて、卸・精米加工（川中）段階および小売・中外食（川下）段階では、
業界再編（企業統合・寡占化）が徐々に進展しており、川上の生産者・生産

者団体とのパワーバランスが今後とも安定的である条件は必ずしも担保されていない。米卸業界トップの神明HDは、東京中央食糧（2005年）やコメックス（2010年）、浜松米穀（2021年）の株式を取得し、米卸業界の再編をリードする。また、三菱商事（2010年）と業務資本提携、元気寿司（2015）を子会社化するなど中・外食段階へのバリューチェーン拡大、更にはアメリカ（2011年）、香港（2013年）、ベトナム（2017年）に子会社を設立し国際展開を図るなど積極的な経営展開を図っている。二番手の木徳神糧も同様に、大阪第一食糧（2002年）と業務提携、連結子会社であった備前食糧株式会社（2012年）を吸収合併している。またタイ（2008年）、中国大連（2011年）に子会社を設立しており、更には、両社が連携して資本参加した特定米穀業者の東日本農産株式会社（2020年）が設立される等の動きも出ている[10]。これらの動きの延長線上には、国際展開を含むダイナミックな米インテグレーション[11]、すなわち農家への生産指導や種苗・資材供給とセットになった生産者の囲い込みや市場支配の強化も想定される。生産者・生産者団体としては、それらのバイイング・パワーと向き合いつつ、一定の取引き条件を確保していかねばならず、公正・健全な取引関係の構築にあたっては国（国民）の監視・関与も必要になろう。

　消費面における最大の変化は、この間の家庭用から中・外食へのシフトであろう。1997年には18.9％に過ぎなかった中・外食用米の占める割合は2020年には30.8％にまで拡大している[12]。残りの家庭用69.2％のうち15.2％が無償譲渡だとすれば、家庭用米の市場は全体の5割程度に過ぎない（図5-3参照）。また、同図5-3に示す通り、消費者の米購入・入手ルートは、既存のスーパー等に加えて、インターネットが第3位と一定の割合を占めるようになってきている。いずれにせよ従来の産地集出荷団体−米卸−スーパーや米穀店等の小売業者を通じる流通ルートだけでなく、多元的な流通ルートが形成され、かつ、そのルートは延長された流通段階を経ることになる。生産と消費の距離は拡大せざるを得ず。食の安全・安心を含めて流通プロセスが複雑化することにはリスクもあろう。食糧法の原則である「最小限の規制の下

□ スーパー □ 無償 ■ ネット ▨ その他

年度	スーパー	無償	ネット	その他
11年度	45.9	23.5	6.4	24.2
	45.1	22.9	7.4	24.6
13	47.4	20.8	10.0	21.8
	48.7	19.5	8.7	23.1
15	48.1	20.3	9.7	21.9
	49.7	16.2	10.0	24.1
17	49.4	16.2	10.0	24.4
	52.7	14.8	9.8	22.7
19	50.1	17.8	8.1	24.0
	50.1	15.2	9.7	25.0
2021	50.3	15.3	8.7	25.7

図5-3 精米の購入・入手経路の変化（%）

資料：米穀安定供給確保支援機構「米の消費動向調査」
注：1）4月〜翌年3月の平均値（2021は12月まで）
　　2）購入人数割合・複数回答

での民間取引」に任せたままで良いのか。多元的な販売への対応を迫られる産地段階の集荷販売を支える仕組みが改めて議論されるべきだろう。

（3）米輸出の展開と輸出立国論の幻想

　農産物輸出輸をめぐる声が喧しい。あたかも、それが日本農業の支えになるがごとき扱いである。2006年に1兆円目標を打ち出し、2021年に達成した農水省は鼻息荒く、改めて2030年までに5兆円の新目標を設定して取り組むこととしている。ただし、その中身は、農産物・食品であり、必ずしも国内農業とリンクする訳ではない。ビールやウィスキー、カップラーメン等の加工品がいくら輸出されても、その原料の多くは輸入（麦）農産物である。米に話を戻すと、**図5-4**に示すように、清酒や米菓などの加工品を含めても商業用米の輸出量は5万tにも届かず、国内生産量の1%にも満たない。ちなみに国内で生産される米菓の原料米の45%、米粉の原料米の60%が輸入（ミニマム・アクセス、以下MAと略記）米であるから、輸出される米菓・米穀粉の相当量も輸入原料を使用した製品が含まれるだろう。また、加工品以外の商業用米の輸出は、5万tのうちの約半分を占めるが、輸出量増加ととも

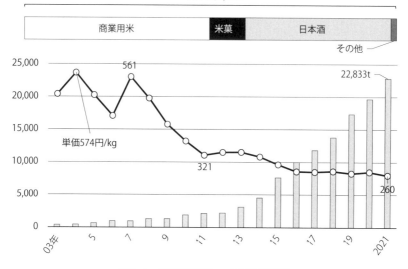

図5-4　商業用米のコメの輸出実績

資料：農水省「商業用米の輸出実績」「コメ・コメ加工品の輸出実績」

に単価が半減しており、もはや大きな利幅を期待できる状況にはない[13]。更には、少量の輸出と引き換えに、77万 t ものMA米およびTPP豪州枠8,400 t の輸入を約束しているのだから、差引きは当然マイナスである。新市場開拓用米として助成の対象となった輸出用米ではあるが、助成金が値引きの原資となる構図は、飼料用米や加工用米等、他の水田利活用米穀と同様であり、更には輸出補助金と見なされれば、WTO協定違反と捉えられかねない。大手米卸など米輸出企業の戦略は、将来的には単なる日本産米の海外市場への浸透にとどまらず、日本の精米加工技術や栽培技術の移転によるビジネス拡大を狙った現地生産化が並行して進められることが想定され、そこでは日本からの輸出は相対化されるだろう。農産物（米）の輸出立国化は幻想に過ぎず、これに大きく依存する政策は成立しえない。

4．まとめに替えて―これからの米市場政策をどう展望するか

　以上、見てきたように米政策をめぐる状況は混迷の色を深め、また市場再編の下で新たな課題も生じている。今後の政策を考える上での論点を提示をして本稿を締めくくることにしよう。

　第1に、既にみたように現行水準の転作（非主食用米および畑作物への）誘導策（出口対策）では、主食用米の生産調整は貫徹せず、過剰基調が継続し、価格回復は望めない。低価格化が継続すれば、影響は担い手を含む稲作経営に及び生産の安定を損ないかねない。供給の不安定化は最終的には国民の食生活上のリスクにつながる。主食用米の生産量を直接コントロールする入口対策か、もしくは、より高水準の転作誘導策が必要ではないか。いずれにせよ、そのためには一定の財政支出が必要であり、農業予算の全体としての拡充を含めて予算確保が議論されねばならない。

　第2に、需給調整の主体をどこに置くのか、改めて議論する必要がある。産地集出荷段階における生産者および生産者団体のまとまりは劣化しており、統一的・戦略的な供給量管理ができる体制にはない。実需側のバイイング・パワーとのバランス改善を含めて、行政による生産者団体への支援強化が一層重要な局面ではないか。少なくとも国や各種全国団体が一堂に結集して全体需給の調整方針を議論する全国農業再生協議会が必要ではないか。

　第3に、主食用米にせよ、非主食用米にせよ、どこかに厚みをつけた直接支払いは、当該用途における値引き販売を誘発し、結局は生産者が必要とする利幅・再生産条件確保を困難化させる場合がある。ニーズを作る上でも実需者が扱いやすい価格帯での販売は必要で、それではコストを賄えない場合に一定の不足払いを保障することは重要であるが、同時に、どこかで（最低）価格そのものを引き上げる仕組みを構築し、それとのセットで制度運用を図ることが持続的な制度運用のためにも重要ではないか。

　第4に、真の出口対策は、需要拡大・消費純増策であろう。リスクの大き

い輸出用米やMA米との競合を常にかかえる米粉用米・飼料用米への依存を深める前に、まずは、国民に対し主食用米の消費を呼びかけるべきではないか。既に米は国民への供給カロリーの２割に過ぎないが、それでも日本型食生活の核であり、国民の命と健康を守るための大事な食品であり続けている。廻り道のようでも食育の更なる充実化が求められよう。消費者にとっても「主食」の安定・米市場（流通）の安定は重要であり、国際需給上のリスクが高まる中で、市場システム安定化に向けた抜本的な制度拡充を国民合意としていくことが求められる。

注
１）農水省（2021）「米の消費動向に関する調査の結果概要」『食料・農業・農村政策審議会食糧部会（令和２年３月31日）参考資料５, pp.1-18.』では米消費増減の理由として「値段」を挙げる回答が各年代で少数であることが示されている。
２）食料・農業・農村基本計画策定に連動してバージョンアップされており、2015年版では「担い手が生産する面積が８割」「一人10ha耕作すると仮定すると30万人」、つまり今後は少数の農業就業者だけで良いとしている。
３）農水省「米政策改革基本要綱」（2003年）より。米政策改革大綱の詳細版であり内容的には同一である。以下でも両者を交えて引用している。
４）制度対象を４ヘクタール以上（北海道は10ha）の認定農業者、20ヘクタール以上の集落営農に限定した。
５）農業協同組合新聞（2010.01.13）「政権交代を考える（５）新政権の農政に望むこと：山田俊男参議院議員に聞く」によれば、当時全中専務であった山田氏が「規模による格差の導入は、農村にはものすごい抵抗があると徹底して反対した。しかし、かつての自民党は経済財政諮問会議主導の構造改革、市場原理導入の流れから出ることができなかった」と述べている。
６）2007年産では民間在庫を減らすため34万ｔの政府緊急買い上げを実施しており、これを加えると本来の在庫量は195万ｔにのぼる。
７）第３回産業競争力会議農業WG（2013.10.23）議事録によれば、新浪委員より「減反についても、生産数量目標自体が農業の担い手の自由な経営判断や市場戦略を著しく阻害している……生産調整を中期的に廃止していくべきではないか」、また第９回農林水産業・地域の活力創造本部会議（2013.11.16）では「米の生産調整（国が都道府県ごとに設定する生産数量目標及び転作支援）については……５年後（平成30年産）を目途に完全に廃止……仮に余剰米が発生

した場合があっても、政府が市場に直接介入しない」ことが提案された。

8）詳しくは拙稿（2019）を参照のこと。

9）農水省（2021.11）「米をめぐる関係資料」より。分母を生産者776万 t－農家消費等129万 t－その他加工用等74万 t＝544万 t として算出した。

10）ここでの記述は両社のHPにおける会社沿革に依拠した。神明https://www.shinmei-holdings.co.jp/、木徳神糧https://kitoku-shinryo.co.jp/を参照のこと。

11）最初に、米分野におけるインテグレーションの成立可能性をいち早く指摘したのは冬木（2003）である。冬木は「コメ・ビジネス」「米飯ビジネス」という概念を用いて当時の各企業（グループ）の展開を詳細に分析しており、大手総合商社が系列化する資材販売子会社による米集荷、米流通業者による米販売、コンビニ・ベンダーや外食企業による製品開発・原料供給体制が成立し、「流通各段階の業者区分がなくなり、ますます統合化された形態での流通が進展する」としている。現段階はまさにその実現段階といえる。

12）農水省（2021.11）「米をめぐる関係資料」より引用した。

13）磯田（2016）では、輸出用米の増加要因として、新規需要米制度による輸出価格の低廉化を指摘し、かつ、「輸出用米価格それ自体は採算割れ」水準であることを論じている。

引用・参考文献

冬木勝仁（2003）『グローバリゼーション下のコメ・ビジネス』日本経済評論社, pp.1-228.

磯田宏（2016）「輸出用米の価格問題と生産・供給構造」『農畜産物輸出拡大の可能性を探る』農林統計協会, pp.33-60.

伊藤亮司（2019）「コメ流通と生産調整の展望:主産地のフルライン化の下での需給調整の課題」『農村経済研究』37（1）, pp.4-12.

（伊藤亮司）

第6章

畑作物の需給と政策

1．本章の課題

　本章では、畑作物に関する需給、国境措置および支援策について検討する。対象とする畑作物は、麦類、豆類および工芸作物である。これらの作物は、畑で栽培される場合もあるが、水田の転作・裏作作物であることも多い。本章ではいずれも対象とするが、このうち、麦類からは小麦、豆類からは大豆、工芸作物からはてん菜とさとうきびを取り上げる。

　これらの畑作物は、そのままでは食用にならず、加工企業が消費者との間に介在するという共通項がある。また国産畑作物については、長年、需給のミスマッチの問題があり、品質を価格に反映させるために市場原理の導入が進められてきた。他方で、多くの国産畑作物は国際競争力に乏しく、交付金制度や国境措置によって守られてきた。しかし近年の需給構造の変化や経済連携協定等による国境措置の変更は、国内政策にも影響を及ぼしつつある。

　本章では、こうした近年の畑作物の需給や国境措置の変化と関連する政策について取り上げるが、作物としての性格や政策に違いがあることから、「小麦・大豆」と「てん菜・さとうきび」をわけて検討する。次節以降では、まず、それぞれの畑作物についての需給構造と国内産地の位置づけについて確認する。次に、国内の畑作物生産を支える交付金等の政策についてみていく

が、その財源は輸入品から徴収される課徴金（関税、マークアップ、調整金等）であることも多いことから、その畑作物の国境措置の仕組みや輸入の状況についても検討する。さらに2010年以降に発効したTPP11等の経済連携協定による国境措置の変更とその影響についても考察する。

2．小麦・大豆の需給と政策

（1）小麦・大豆の需給と産地[1]

1）小麦の需給と産地

　2015 ～ 19年の小麦の国内消費量は630 ～ 660万 t であるが、このうち国内生産量は70 ～ 100万 t 前後で推移し、近年やや増加傾向にある。国内自給率は10 ～ 15％程度であり、北海道が全国の小麦作付面積の6割を占め、都府県は九州（福岡県、佐賀県）、東海（滋賀県、三重県、愛知県）、関東（群馬県、埼玉県、茨城県）が主な産地である。北海道では畑作が74％、府県では水田作が94％となっており（2019年産）、産地によって小麦の位置づけは異なる。北海道では、小麦が畑地の輪作体系の一部を構成する作物であり、府県では水田の転作・裏作作物である。九州の産地では裏作主体、東海・関東は転作が主体である。

　小麦は品種によって用途が異なり、小麦粉は、強力粉（パン用）、準強力粉（中華麺用）、中力粉（うどん等の日本麺用）、薄力粉（菓子用）に分かれるが、国産小麦の84％はうどん等の日本麺用品種である。パンや中華麺用には輸入小麦の使用が圧倒的に多い。

　国産小麦は民間流通であり、外国産小麦は国家貿易のもとで製粉企業等に売り渡される。いずれも製粉企業が小麦粉にした後に、2次加工メーカーがパン、麺、菓子等に加工する。製粉企業は2019年には72社あり、中小企業が数の上では多いが、大手4社の製粉シェアは79％を占める。

　後述のように国産小麦は2000年からの民間流通制度の導入を受けて、日本麺用以外へ用途が広がり、量的な拡大とともに質的な面でも変化が生じている[2]。

２）大豆の需給と産地

　大豆の国内消費量は2003年には531万 t であったが、大豆油が菜種油やパーム油に置き換わったことにより2013年には301万 t まで減少した。その後は食品用の需要が増え、2019年には367万 t とやや増加傾向にある。うち油糧用が249万 t （消費量の68％）、食品用は102万 t （同28％）である。

　国内自給率は６％であるが、近年は豆腐や納豆の国産志向の高まりにより国産割合が増加傾向にあり、食品用に限れば自給率は20％である[3]。ただし国産大豆は、品質面で優れているものの、供給量、価格、品質の不安定性やロットの小ささといった問題がある[4]。

　国内の産地は北海道（作付け面積３万8,900ha）が圧倒的に大きく、東北の宮城県（１万800ha）、秋田県（8,650ha）、九州の福岡県（8,220ha）、佐賀県（7,750ha）がこれに続く。北海道では作付面積の半分以上が畑作であり、水田作が中心である府県よりも単収が高い。国産大豆は単収が不安定であるが、輸入大豆との代替が短期的には難しく、それが国産大豆の著しい価格変動の一因となっている。

（２）小麦・大豆の交付金制度

　従来から国内の小麦・大豆作の支援策は、価格助成および水田作における転作助成の２本柱で維持されてきた。現在、価格助成に対応するのが「畑作物の直接支払交付金」（いわゆる「ゲタ対策」）であり、転作助成が「水田活用の直接支払交付金」である。

　畑作物の直接支払交付金の単価は収量に応じて変動し、2022年産までの小麦の平均交付単価は6,710円/60kg[5]、大豆は9,930円/60kgであり、いずれも面積払として２万円/10aが最低保障となる。この交付金は認定農業者、集落営農等を対象とした担い手政策でもある。

　畑作物の直接支払交付金は事実上、品目別の対策であり、財源も小麦と大豆では異なる。小麦の場合、輸入小麦から徴収するマークアップが主な原資である。ただし2000年産以降、小麦の生産拡大に伴いマークアップ収入だけ

では財源が不足するようになり、一般会計からの繰入が行われている。一方、輸入大豆は無関税であるため、大豆の交付金は全額国庫からの充当である。また水田で栽培される基幹作の小麦・大豆には、水田活用の直接支払交付金が10a当たり３万5,000円さらに上乗せされる[6]。これに担い手要件はない。

　国の生産費調査における粗収益に占める交付金の割合は、小麦が７～８割、大豆が５～７割であり、ともに交付金の水準が生産者の収益を支え、かつ左右する。

３．小麦・大豆の価格形成と貿易

（１）小麦の価格形成と貿易

１）国産小麦の価格形成

　国産小麦は1998年の「新たな麦政策大綱」を踏まえ、2000年以降、それまでの政府買入れから民間流通制度へ移行した。制度の導入直後は、国産が輸入小麦に品質面で劣ると評価され、需給に大きなミスマッチが存在したが、その後、主産地における品種の転換が積極的に進められ、品質が向上しつつある。

　その結果、国産小麦の評価の高まりにより使用量が拡大し、新たな需要も生まれている。従来、国産小麦は日本麺用の中力系がほとんどであったが、近年はパン用、中華麺用の強力系品種が検査数で２割程度まで増加している。これには大手メーカーを中心とした、国産小麦の使用表示のあるうどん、ラーメン、パンの販売増加の影響がある[7]。

　国産小麦の価格形成は入札取引が基本となっており、生産量が急増した銘柄は価格が下落するので、需給のミスマッチは比較的短期間で是正される。また2007年の食糧法改正により、国際価格にリンクする形で外国産小麦の政府売渡価格が変動する仕組みとなり、その影響が国産小麦の入札価格にも及ぶ形になっている[8]。

　近年の国産小麦の取引価格は産地銘柄によって差があるが、2021年産の国

産全銘柄落札加重平均価格は3,403円/60kgである。これはマークアップを乗せた輸入小麦の政府売渡価格3,085円/60kgに比べるとやや高いが、銘柄による差が大きく、パン用は輸入小麦より高く、日本麺用はほぼ同等の水準である。

２）小麦の輸入制度

　外国産小麦は、国産で満たせない分が国家貿易により輸入される。主な輸入国は量の多い順にアメリカ、カナダ、豪州であり、年間輸入量はおおよそ500〜600万 t である。

　外国産小麦については、1942年からの食糧管理法のもとで国家貿易が行われてきたが、95年の同法の廃止と食糧法制定により、関税を支払えば民間輸入も可能となった。しかし民間輸入の際の関税は、国家貿易のマークアップの額よりはるかに高いため[9]、外国産小麦のほとんどは国家貿易によって輸入される。国家貿易の場合、輸入価格にマークアップを上乗せした額が政府売渡価格となる。

　外国産小麦の政府買入価格は2015年以降、1,926〜2,397円/60kg、政府売渡価格は3,044〜3,536円/60kgで推移しており、マークアップは948〜1,139円/60kg（16〜19円/kg）程度である。マークアップ収入は、政府の管理経費を控除し、国産小麦の畑作物の直接支払交付金に充当される。

３）TPP11と日米貿易協定の国産小麦への影響

　TPP11と日米貿易協定による小麦貿易への主な影響は、第１に輸入枠の拡大、第２にマークアップの削減である。

　まず輸入枠の拡大についてである。小麦の場合、従来からWTOのカレント・アクサス（輸入機会の提供）枠が年間574万 t 設定されていた。TPP11では、現行の国家貿易制度と枠外関税率55円/kgは維持されるが、WTO枠に加え、カナダ枠（初年度４万 t 、７年目5.3万 t ）、豪州枠（同3.8万 t 、同5.0万 t ）、また日米貿易協定でも米国枠（同12万 t 、６年目15万 t ）が設定された。つ

まり今後、新たな国別枠が約25万 t 増加する[10]。

　政府は、国家貿易によって輸入されていた飼料用小麦（約50万 t ）を、マークアップを徴収しない民間貿易に移行させることで、「新たな枠を通じた輸入は、既存の枠を通じて現在輸入されているものの一部が置き換わることが基本で、国産小麦に置き換わるものではない」と説明する。この点について横山（2016）は、新たな国別枠の設定によって食糧用小麦の輸入量が増加すること、また食糧用と飼料用を合わせた小麦の輸入総量も増え、国産小麦の生産が圧迫される可能性を指摘している。

　小麦の場合、直近 5 年間（2015 ～ 19年）の飼料用を含む年間の国内消費量が630 ～ 660万 t で推移している中で、既存のWTO枠が574万 t と大きく、新たな国別枠の設定が国内生産に与える影響は相対的に大きいといえよう。

　第 2 のマークアップの削減については、両協定により、カナダ、豪州、アメリカ産小麦については45％の引き下げが適用される[11]。これにより、畑作物の直接支払交付金の財源はさらに減少する。また外国産小麦の国内価格が低下するため、国産小麦価格の下落も予想される。これに対し、政府は畑作物の直接支払交付金単価の加算措置、すなわち一般会計からの支出を増やす方向で対応するとしている。

　なお、小麦の加工品である小麦粉には従来、90円/kgの高額な関税が課され、少量が輸入されるだけであったが、TPP11では 6 年目までに18万 t の無税（マークアップは徴収）の輸入枠が設定された。

（2）大豆の価格形成と貿易

　1999年産までの国産大豆は、不足払い制度のもとで生産者の手取り額が販売価格によらず平準化されるため、生産者の生産・販売努力が促進されにくい状況にあった[12]。1999年の「新たな大豆政策大綱」に基づき、2000年産からは全銘柄定額助成方式となり、市場評価が生産者の手取りに反映されるようになった。その後、それまでの入札取引に加え、相対取引や契約栽培取引が開始され、現在、入札は 2 割程度にすぎず、契約栽培取引が過半を占めて

いる。また2018年からは、播種前入札取引が導入され、生産見込み数量の約１割をこれに当てることになっている。

　このような中で国産大豆の平均価格は、2016 〜 20年の間は8,000 〜 １万円/60kg前後と比較的安定しているが、国産大豆は輸入大豆とは差別化され一定の需要があるため、国産の不作時（2014、2015年）には１万3,000 〜 １万4,000円/60kgと高騰することもあった。なお、国産大豆の価格は小麦と異なり、輸入価格とは連動しない。

　他方、輸入大豆の70％がアメリカ産、16 〜 17％がブラジル産、10 〜 11％がカナダ産であり、多くは油糧用である。大豆は1961年に輸入自由化、72年からは関税が撤廃されており、経済連携協定等の国境措置の変化の影響を受けない品目である。現在、輸入大豆のうち食品用（非GMO分別）の価格は5,500 〜 6,000円/60kg前後であり、国産より安値で取引される。

４．てん菜・さとうきびの需給と政策

（１）砂糖の国内需給と流通

　てん菜とさとうきびを原料とする砂糖の2019年度の国内消費量は172万ｔであり、10年間で30万ｔ、20年間で50万ｔ減少している。また砂糖の一人当たりの年間消費量も、1970年代の30kgから2019年には16.2kgとなっている[13]。こうした砂糖消費量の減少の要因は、人口減少・高齢化、消費者の低甘味嗜好に加え、異性化糖や加糖調製品（砂糖と豆類、ココア等との混合品）、人工甘味料などの代替甘味料の需要増加がある。異性化糖と加糖調製品の需要は合計で年間100万ｔを超えている。

　砂糖の国内自給率は直近５年間では36 〜 45％で推移し、近年やや上昇する傾向にある。国内で供給される砂糖のうち、北海道産のてん菜から製造する「てん菜糖」が65万ｔ（国内供給量の37％）、鹿児島県の離島と沖縄県（以下、「南西諸島」とする）産のさとうきびから製造する「甘しゃ糖」が13万ｔ（同７％）であり[14]、100万ｔ（同56％）が「輸入原料糖」である。

　てん菜糖は北海道で耕地白糖と呼ばれる砂糖（上白糖やグラニュー糖）になり、農協系統を通じて販売されるものがあるが、後述のように一部は、てん菜原料糖として精製糖を製造する本土の精製糖企業にも販売される[15]。他方、南西諸島で製造される甘しゃ糖は原料糖であり、全量が精製糖企業に販売される。つまり国内の精製糖企業は、てん菜原料糖、甘しゃ糖、および輸入原料糖から精製糖を製造する。精製糖は、精製糖企業から商社等を通じて食品企業等へ販売される。家庭用は約 1 割であり、9 割は菓子、清涼飲料、パン類などの業務用である。代替甘味料が存在する中で多くが業務用である砂糖の需要は、価格に対し比較的敏感に反応する。

（2）てん菜・さとうきびの産地

　てん菜・さとうきびは収穫後、急速に品質が低下するため、産地での加工が必要になる。そのため、産地に製糖企業（工場）が立地し、両作物の生産・流通及び政策に大きな影響を与える。

1 ）北海道のてん菜の生産と製糖業

　てん菜は耐寒性に優れ、北海道において畑地の 3 年あるいは 4 年輪作を維持するために不可欠な作物と位置づけられている。2018年の作付け面積は 5 万7,300haで北海道の畑面積の14％、栽培農家は7,010戸で販売農家の20％を占める。輪作を構成する他の作物に比べ、多くの労働力を必要とすることから、面積・農家数ともに近年は減少傾向にある。ただし地域に偏りがあり、作付け面積は十勝、網走地区で道内の85％を占める。

　北海道のてん菜は生産過剰により、1980年代半ばより計画生産（生産調整）が実施され、また現在、砂糖ベースで64万 t を超えるてん菜糖については製糖企業に交付金が交付されないため、その分は生産者の手取りが減額される。近年でも、2015（砂糖ベース68万 t ）、2017年（66万 t ）、2019年（65万 t ）は、単収や糖度が高く、交付金対象上限を超えている。てん菜の作付面積は減少傾向にあるものの、これまで技術革新によって単収が増加し、さらに

1986年からの糖度によって価格差をつける「糖分取引」への移行により糖度が向上してきた。その結果、生産調整の導入効果が無に帰することになり、さらに生産調整が必要になるという経緯を辿ってきた[16]。

　一方、てん菜糖の製糖工場については、十勝、網走を中心に日本甜菜製糖、ホクレン、北海道糖業の3社が8工場を展開する。道内の製糖工場では、本来、耕地白糖の製造が基本であったが、販売量をさばけないため、てん菜糖の一部を原料糖として本土の精製糖企業に安価で販売し、精製糖企業が再溶解の後、甘しゃ糖と混ぜて精製する「てん菜原料糖制度」が1989年から開始された。これは、てん菜が原料である耕地白糖の販売枠を砂糖総消費量の2割までとし、2割を超える分については原料糖とするため「2割ルール」と呼ばれる。しかし精製糖企業にとっては輸入糖に比べ費用の高いてん菜原料糖の精製は負担になる。そのため、増産によるてん菜原料糖の増加に際し、精製糖企業が精製するてん菜原料糖は全原料糖の1割とする「1割ルール」が設定された[17]。1割を超える原料糖については安価で販売せざるを得ず、製糖企業にとっては経営を圧迫する要因になる。2019年度は、てん菜糖生産量65万tのうち、原料糖は36％（24万t）と小さくない割合を占めている[18]。

2）南西諸島のさとうきびの生産と製糖業

　南西諸島のさとうきびは、販売農家の6割以上が栽培し、畑面積の4割超を占める。夏季の南西諸島を襲う猛烈な台風や干ばつに強く、「代替の効かない基幹的作物」として位置づけられている。南西諸島は多数の島から構成されているが、甘しゃ糖になるさとうきびが栽培されるのは14の島である。島の大きさや歴史的経緯にも依るが、経営規模の拡大には自ずと限界があり、生産費の低減も大きくは進んでいない。また1994年度からは、さとうきびの糖度により価格差を設けた「品質取引」が導入されたが、糖度は気象や土壌などの自然条件に影響される部分が大きく、必ずしも上昇していない。

　そして14の各島には甘しゃ糖の製糖工場がある。さとうきび栽培は、島内の製糖工場なしには存立しえないが、南西諸島におけるさとうきびの生産量

は減少し、1985年に29万 t あった甘しゃ糖の生産量は、2019年には半分以下の13万 t となっている。そのため製糖工場の操業率の低下と整理・統合が進行している。さとうきびの生産量の減少には、いくつかの要因が関係するが、畜産や園芸作等の振興により、島の農業におけるさとうきびの位置づけが低下したことも一因である。

　ただし、位置づけの低下の度合いは島によって異なる。遠隔地の島では、現在でも農地の大半をさとうきびが占め、島の社会経済におけるさとうきび作と製糖業の重要性は高い。しかし、畜産や園芸等がさかんで、さとうきび作の位置づけの低い島では、今後さとうきび生産が伸びる可能性は低い。

（3）てん菜・さとうきびおよび製糖業の交付金制度

　前述のようにてん菜は、冷害に強く畑輪作に不可欠な作物、さとうきびは南西諸島において代替の効かない基幹作物であるとともに、いずれも「地域の雇用・経済を支える重要な役割を担って」いることから[19]、生産者および製糖企業は政府の支援のもとにある。2006年産までは、最低生産者価格が決められ、その価格で製糖企業は原料を生産者から購入し、製糖企業には農畜産業振興機構（以下、ALICとする）から交付金が支払われていた。

　2007年産から、てん菜は麦類・豆類と輪作されることから「品目横断的経営安定対策」（現・経営所得安定対策）に、さとうきびは単一経営も多いことから「品目別経営安定対策」に移行した。それまでの最低生産者価格は廃止され、砂糖の市場販売価格を生産者と製糖企業で配分する形となった。しかし配分額は、生産者・製糖企業ともに生産費・製造費を大きく下回るので、てん菜生産者には政府から、さとうきび生産者と製糖企業にはALICから生産・製造費用をカバーする交付金が支払われる。この時、生産者が受け取る原料代金と交付金はともに糖度によって異なる。こうした変更は、需給動向を取引に反映しやすくするとともに、生産者や製糖企業への政策支援額を明瞭にする狙いがあったと考えられる。

　てん菜生産者の場合、交付金を加えた 1 t 当たりの粗収益 1 万8,073円の

うち交付金は7,566円なので、粗収益に占める交付金の割合は42％である（2019年産）。てん菜生産者への交付金のためにALICが2019年度に国庫に納付した額は177億円である。

　一方、さとうきび生産者の場合、１ t 当たり２万1,604円の粗収益のうち交付金が１万6,730円なので、交付金の割合は77％を占め[20]、生産者への交付金は南西諸島全体で190億円である。さらに、製糖企業への交付金は、てん菜糖150億円、甘しゃ糖89億円の計239億円であり、北海道と南西諸島の生産者と製糖企業への交付金は2019年度には合計で606億円にのぼる。

5．砂糖の国境措置と貿易

（1）輸入糖の国境措置

　こうした交付金の原資となるのが輸入原料糖からALICが徴収する調整金である。調整金は関税に類するが、その単価は砂糖の製造費用、輸入原料糖の価格、砂糖の国内自給率などに応じて変動する。輸入原料糖の第１次調整金は36 ～ 39円/kg（2019年度）で、政府が定める輸入数量枠を超える分には２次調整金25.6円/kgが上乗せされるため、枠を超えて輸入される原料糖はごく少量である。なお、精製糖には21.5円/kgの関税に加え、60円/kg前後の調整金がかかるため、ほとんど輸入されない。もし精製糖が輸入されると、産地の生産者、製糖企業はもとより、国内の多くの精製糖企業の経営も立ち行かなくなる。精製糖が輸入されないことが国内の砂糖に関わる生産者や企業を守る前提である。

　この制度のもとでは、輸入される原料糖の量は国内生産で不足する分（「国内消費量－国産糖の供給量」）のはずである。しかし前述のように、てん菜において実質的な生産調整が実施されているのはなぜだろうか。これは長年にわたる砂糖の調整金収支（調整金収入－交付金支出）の赤字の問題に起因する。砂糖の国内消費量が減少する中で、国産糖の供給量はほぼ横ばいであるため、1970年代には200万 t を超えていた輸入量は2000年には約150万 t、

2020年には100万トン程度にまで減少している。制度上は、輸入量が減れば調整金単価を引き上げることで調整金収入を確保することになっているが、国内の砂糖価格の上昇につながり、さらに需要が減ってしまう。そのため調整金単価の引き上げは困難になっており[21]、十分な調整金収入を確保できない状況にある。調整金収支の赤字問題に対しては、これまで国庫から数百億円単位の補填を受けている。政府としては、国内消費に加え、菓子等の輸出やインバウンドを含めた砂糖消費の回復と輸入原料糖の増加を期待しているようだが、人口減少や菓子メーカーの海外生産が進むなかで、それは非常に困難と言わざるをえない。

（2）日豪EPA・TPP11の国産砂糖への影響

砂糖輸出国である豪州とのEPAおよびTPP11の締結は、日本の砂糖輸入に影響を与えることになった。両協定における砂糖輸入に関する主な影響は、①高糖度原料糖の一部（糖度98.5〜99.3度未満）の関税撤廃と調整金の削減[22]、②加糖調製品の関税割当枠の設定と拡大、および枠内税率の削減である。また②に伴い、新たに徴収されることになった輸入加糖調製品からの調整金を、国産糖の支援に充当することが可能になり、輸入原料糖の調整金単価の軽減措置がとられることとなった。

まず2015年1月に発効した日豪EPAにおいて、高糖度原料糖の国境措置は、それまでの「関税21.5円/kg＋調整金36.9円/kg」から、関税が撤廃され調整金36.1円/kgのみとなった[23]。当時の（高糖度ではない一般の）原料糖（以下、「一般原料糖」とする）の調整金は35.2円/kgであったが、精製費用の安い高糖度原料糖の輸入が国内の精製糖企業にとって有利となった。

日豪EPA発効前年の2014年には、一般原料糖の総輸入量は133万tで、そのうち最も多いタイからの輸入が77万tで全体の58％を占め、次が豪州の40万t（30％）であったが、発効4年目の2018年の一般原料糖の輸入は34万tと大幅に減少し、そのうちタイからの輸入量は31万t、豪州は2万tとなっている。一方で、高糖度原料糖の輸入は2014年のわずか200tから2018年に

は83万 t に急増し、うち豪州からが81万 t を占める[24]。

　さらに2018年の年末に発効したTPP11では、高糖度原料糖の調整金は、一般原料糖より低い水準となった[25]。これにより豪州産の高糖度原料糖への転換がさらに進むことになる。TPP11の実質初年である2019年には、一般原料糖の輸入は21万 t （ほぼ全てがタイ産）にまで減少する一方で、高糖度原料糖の輸入は99万 t、うち豪州からが97万 t を占める。日豪EPAとTPP11が発効した5年間で、一般原料糖の輸入は112万 t 減少し（うちタイからの輸入減少が56万 t）、豪州からの高糖度原料糖が97万 t 増加した。

　高糖度原料糖の関税撤廃・調整金削減による輸入量の増加は、日豪EPA・TPP11の域外国からの原料糖輸入を大きく減らすこととなったが、日本国内への影響もある。それは調整金収入の減少である。日豪EPA発効前の2013年度の指定糖（加糖調製品を含まない輸入糖）からの調整金収入561億円は、2019年度には392億円まで減っている[26]。調整金収入の減少の要因は他にもあるが[27]、協定発効後の約170億円もの減少は、高糖度原料糖の調整金を削減した両協定の小さくない影響を示している。TPP11の発効に伴い輸入加糖調製品からの新たな調整金収入額が2019年度は61億円となったが、収入の減少分を埋めることはできず、単年度で56億円の調整金収支の赤字を出すことになった。

　一方、TPP11では加糖調製品に関税割当が設定され、その数量枠が増加していく。また主要な加糖調製品では枠内税率も段階的に4～5割程度削減される。関税割当量が従来の輸入量と比較して少ないことから、今のところその影響は小さいが、加糖調製品と国内の砂糖との価格差は大きく、引き続き加糖調製品の輸入は増加するであろう。

6．まとめと展望

　以上のように、国内の畑作物は輸入品との競争力の差が大きく、交付金により生産が維持されているが、その財源は品目によって異なり、小麦とてん

菜・さとうきびについては輸入品からの徴収するマークアップと調整金である。そして「国内需要量−国内生産量」を超える輸入に対して高関税が課される実質的な輸入割当と、小麦粉と精製糖がほぼ輸入されない強固な国境措置の存在が、これらの制度を維持する前提となっている。一方、大豆の輸入は1972年から無税であり、国産大豆への交付金の財源は全額国庫からの支出である。

　ただし、小麦およびてん菜・さとうきびともにマークアップ・調整金だけでは交付金を賄えなえず、実質的に国庫からも支出されている。これには制度の構造的な問題があった。もともとマークアップ・調整金の制度は、国内生産量と輸入量の増減に応じてその水準を柔軟に設定することにより、収入と支出が均衡する仕組みである。しかしマークアップ・調整金の単価は、需要減少への懸念や、それらを負担する製粉・精製糖企業、割高な小麦粉・砂糖を使用する食品企業の強い不満などから引き上げが困難となっている[28]。さらにマークアップ・調整金はTPP11等で削減が進むため、財源不足による国庫からの充当は今後も増加することになる。

　その一方で、国産畑作物の需給のミスマッチを解消すべく、市場原理の導入も進められてきた。輸入品との差別化が可能な小麦と大豆については国産需要への対応が一定程度進みつつある。他方で、砂糖は糖の結晶であることから差別化が難しく、また品質向上のための品質・糖分取引の導入は、北海道では過剰生産をもたらし、逆に南西諸島では糖度が上がらず、意図した効果は得られていない。

　ここまでで明らかになったのは、経済連携協定を含めた国際ルールの下で、国境措置、交付金による支援、および市場原理を組み合わせることで畑作物の需給を調整し、かつ交付金の財源を確保することが次第に難しくなりつつあることである。現在は弥縫的な対応がなされているが、畑作物の生産を維持するためには、将来的には現在の大豆のように、支援のかなりの部分を国費によって賄う必要がある。

　その場合、相当な財政負担が生ずる。納税者の理解を得るためには、産地

の側にも変化が求められる。小麦・大豆では、引き続き国産需要への対応とともに、主食用米の需要が減る中で、水田を維持する役割も重要になってくる。てん菜・さとうきびにおいては市場原理で対応できる範囲は限られることから、単に作物の生産や砂糖の製造だけではなく、これらの作物が持つ景観維持や環境保全のような公益的な機能を打ち出し、これに対応していくことが必要であろう。

注
1）以下、小麦に関する統計資料は、農林水産省（2021e）、（2021f）、大豆に関しては同（2021c）、（2021d）による。
2）吉田（2017）による。
3）食品用は、豆腐、納豆、味噌、醤油、煮豆等に利用されるが、それぞれに求められる品質が異なる。
4）農林水産省（2021d）による。
5）畑作物の直接支払交付金は、パン・中華麺用品種に2,300円/60kg程度の加算金がある。
6）地域の裁量により、二毛作等に「産地交付金」が別途支払われる場合もある。
7）吉田（2017）、（2019）による。
8）吉田（2017）による。
9）国家貿易の枠外税率（2次税率）は55円/kgと高額である。
10）他に日EU・EPAによるEU枠の設定が少量（初年度200 t、7年目270 t）ある。
11）日米貿易協定では主要3銘柄について45％削減される。
12）澤田（2007）による。
13）農林水産省（2021a）による。
14）ここでの「甘しゃ糖」はさとうきびから製造される原料糖とし、含蜜糖（黒糖）は含めない。
15）本稿では、北海道と南西諸島において砂糖を製造する企業（工場）を「製糖企業（工場）」とし、本土において原料糖を精製し、精製糖を製造する企業を「精製糖企業（工場）」とする。
16）糖業協会（2002）による。
17）澤田（2007）による。
18）農林水産省（2021b）による。
19）農林水産省（2021a）による。
20）てん菜は生産費調査による。生産者への交付金には畑作物の直接支払交付金

以外に水田活用の直接支払交付金を含む。さとうきびの場合は、基準糖度帯
における金額である。
21) この点については、松木（2011）、坂井（2014）を参照。
22) 関税・調整金が引き下げられたのは、高糖度原料糖（糖度98.5〜99.5度）のう
ちの一部（糖度98.5度〜99.3度未満）であるが、以下では単に「高糖度原料」
とする。
23) 農林水産省（2014）による。
24) 砂糖の輸入実績については、農畜産業振興機構（2017）、（2020）による。
25) 調整金の水準は四半期ごとに変動するが、農林水産省（2016）によれば、高
糖度原料糖（の一部）は「無税＋調整金39.0円/kg」、一般の原料糖の調整金は
40.5円/kgである。
26) 農畜産業振興機構（2021）、北海道てん菜協会（2017）より。
27) 前述のように国内の砂糖需要の変化や、加糖調製品からの調整金徴収開始に
伴う輸入原料糖の調整金単価の軽減措置などの影響もある。
28) 例えば下渡（2003）を参照。

引用・参考文献
北海道てん菜協会（2017）『てん菜糖業年鑑　2017』
松木靖（2011）「麦・大豆等直接支払制度の評価と改革の論点」『農業経済研究』，
　82（4），pp.251-257.
農畜産業振興機構（2017）「砂糖類・でん粉情報別冊統計資料」
農畜産業振興機構（2020）「砂糖類・でん粉情報別冊統計資料」
農畜産業振興機構（2021）「砂糖類・でん粉情報　2021年3月」
農林水産省（2014）「日豪EPA　農林水産品の合意内容」
農林水産省（2016）「農政新時代〜水田・畑作分野におけるTPP対策〜」
農林水産省（2021a）「砂糖及び加糖調製品をめぐる現状と課題について」
農林水産省（2021b）「砂糖及び異性化糖の需給見通し」
農林水産省（2021c）「令和元年度　食料需給表」
農林水産省（2021d）「大豆をめぐる事情」
農林水産省（2021e）「麦の参考統計表」
農林水産省（2021f）「麦をめぐる事情について（小麦）」
坂井教郎（2014）「砂糖の価格調整制度の実態と限界」『鹿児島大学農学部学術報告』
　64（3），pp.27-36.
澤田学（2007）「畑作物政策と品目横断的経営安定対策―欧米との比較」『北海道
　農業経済研究』13（2），pp.3-19.
下渡敏治（2003）「食品製造業のグローバリゼーションと国内原料調達」『農業経
　済研究』75（2），pp.47-54.

糖業協会編（2002）『現代日本糖業史』丸善プラネット
横山英信（2016）「WTO・新基本法下の麦需給・生産をめぐる動向とTPP協定・国内対策」『アルテス　リベラレス』98, pp.57-79.
吉田行郷（2017）『日本の麦　拡大する市場の徹底分析』農文協
吉田行郷（2019）「日本の麦―拡大し続ける市場の徹底分析―（民間流通制度導入後の国内産麦のフードシステムの変容に関する研究（小麦編））」（https://www.maff.go.jp/primaff/koho/seminar/2019/attach/pdf/191023_01.pdf）

（坂井教郎）

第7章

青果物における生産・流通政策の展開と産地対応

1．本章の課題

　青果物とは、野菜と果実を合わせた名称であり、古くから市場で取引され商業的農業としての特性を強く有した農業部門である。「生産農業所得統計」によると、1960年における野菜産出額は1,741億円（農業総産出額の9％）、果実産出額は1,154億円（同6％）、青果物合計で2,894億円（同15％）であったが、基本法農政や高度経済成長期の経済政策などに沿って生産振興が進められ、野菜、果実とも産出額のピークとなった1991年には、野菜が2兆8,005億円（同24％）、果実が1兆1,025億円（同10％）、青果物合計3兆9,030億円（同34％）とわが国農業総産出額の3割を超えるまでに成長した。2020年現在は、野菜が2兆2,481億円（同25％）、果実が8,741億円（同10％）、青果物合計で3兆1,222億円（同35％）となっている。

　商業的農業としての特性を強く有する青果物であるが、それゆえ、その生産の展開については市場環境、つまり国民の生活状況や社会経済状況、それに基づく消費者ニーズや流通環境などの変化といった、青果物を取り巻く外部環境の変化にも大きく影響される。とりわけ、1980年代後半以降に顕著となったグローバリゼーションの進展は、青果物の生産・流通構造を大きく変容させる最大の要因のひとつともなっている。

　本章は、農業総産出額の3割以上を占め、わが国農業の重要な柱のひとつ

となっている青果物生産・流通に焦点を当て、その展開とそれにかかる社会経済的要因を明らかにする。そのため、需給政策の進展や環境変化とそのもとでの産地対応を検討し、今後の展開方向を考察する。

2．青果物需給政策の展開と生産動向

（1）青果物の商品特性と供給構造

　まずは、青果物の商品特性について確認してみよう。

　野菜は、「食用に供し得る草本性の植物で加工の程度の低いまま副食品として利用されるもの」と定義されている（農林統計協会　2000，p.94）。商品特性としては、①腐敗性・損傷性が強く新鮮さが重要である点、②食事の際の副食品として日常的に消費される点、が挙げられる（岸上　2004，p.121）。産地形成の特徴は、かつて農村部では自給的生産が主であり、産地は消費地に近い都市近郊に立地していた。高度経済成長期における都市人口の急増とともに商業的農業化が進展し、さらに保冷・輸送技術の発達とともに、野菜産地が良好な生産条件の地域へとシフトし、遠隔化が進んだ。なお、長期の輸送に弱いため、自給率は比較的高い。

　次に果実であるが、果実を生産するための果樹の定義について、農林水産省は「2年以上栽培する草本植物及び木本植物であって、果実を食用とするもの」としている[1]。商品特性としては、①野菜と同様に新鮮さが重要ではあるが、野菜に比べると棚持ちがよく、輸送性も高い点、②日本では主に食後や間食などにデザートとして消費されるなど、嗜好品的性格が強い点、が挙げられる。生産の特徴としては、樹木を栽培し果実を収穫するため、固定資本額が大きい。産地形成の特徴としては、傾斜地に立地する傾向にあり、園地の地形・気候・土壌条件が、品目ごとの栽培適正や果実の品質と密接に関係していることから、最も重要な産地形成条件となっている。流通の特徴は、嗜好品的性格が強いことから、戦前より市場で高価格をねらう戦略が図られ、商業的農業の典型とされている。また、流通面で政策的関与が少なく、

表 7-1　わが国における青果物の供給構造（2018 年の推計）

(万 t 、%)

野菜の品目		野菜供給量	果実の品目	果実供給量
国内生産		1,147 (78)		284 (38)
生鮮品		1,147 (78)		250 (33)
	キャベツ	147 (10)	温州ミカン	73 (10)
	ダイコン	133 (9)	リンゴ	64 (9)
	タマネギ	116 (8)		
加工品		−		34 (4)
			温州ミカン果汁・缶詰	5 (1)
			リンゴ果汁等	11 (1)
輸入		331 (22)		466 (62)
生鮮品		94 (6)		189 (25)
	タマネギ	29 (2)	バナナ	100 (13)
	ニンジン	11 (1)	パインアップル	16 (2)
	カボチャ	10 (1)	キウイフルーツ	11 (1)
			グレープフルーツ	10 (1)
加工品		237 (16)		277 (37)
	トマトピューレ・ジュース	93 (6)	オレンジ果汁	99 (13)
	スイートコーン（冷凍・缶詰）	29 (2)	リンゴ果汁	53 (7)
	ニンジンジュース	24 (2)		
合計		1,478 (100)		750 (100)

資料：農林水産省「令和 3 年野菜をめぐる情勢」「令和 4 年果樹をめぐる情勢」より引用。
　　　（原資料は農林水産省園芸作物課調べ）。
注：1 ）果汁、加工品については生鮮品（あるいは生果）に換算している。
　　2 ）当該データは、農林水産省園芸作物課がメーカーや団体等への聞き取りをして整理した推計値である。
　　3 ）（ ）内は供給量合計に占める各項目の構成比（%）。

農業所得の向上を図るうえで産地マーケティングが重要となっている（徳田 1997，p.9）。

　表7-1は、わが国における青果物の供給構造について、2018年の推計値を示している。青果物の国内供給量は、野菜が1,478万 t 、果実が750万 t である。それぞれの内訳をみると、野菜は、国内生産量が1,147万 t （全て生鮮品扱い）で国内供給量の78%を占めている。輸入量は、331万 t で国内供給量の22%であり、そのうち加工品が237万 t と輸入量の 7 割強を占めている。また果実は、国内生産量が284万 t で国内供給量の38%である。うち、生鮮品では温州ミカンが73万 t 、リンゴが64万 t である。輸入量は466万 t で国内供給量の62%を占め、そのうち加工品が277万 t と輸入量の 6 割近くを占めている。

（2）基本法農政下の青果物生産振興

　農業基本法は1961年に施行された。この時期の日本経済は高度経済成長期であり、国策としての重化学工業化や「所得倍増計画」など、急激な経済成

長を目標としてあらゆる政策が施行された時期である。

　農業基本法の目的は、①農業の発展と農業者の地位向上、②農工間所得格差の是正、であった。「選択的拡大」および「農業の構造改善」を柱とした基本法農政により、米、畜産物、青果物など選択的拡大品目の生産拡大、および構造改善事業による経営の規模拡大、機械化、近代化が進められた。農業部門における生産性向上と労働力省力化が実現されたが、農村部では潜在的余剰人口が増加し、重化学工業部門における格好の労働力供給源として都市部へ誘導された。しかし、農地の流動化による経営の大規模化は進まず、兼業化の方向に進んだ。

　青果物の生産振興に注目すると、果樹農業は、1961年に施行された果樹振興特別措置法によってその振興施策が規定された。同法の目的は、①計画的な果樹農業の振興、②合理的な果樹園経営の基盤の確立、③果実の生産および出荷の安定化、④果実の流通および加工の合理化、により果樹農業の健全な発展に寄与することであった。

　また、野菜農業は、1966年に施行された野菜生産出荷安定法によってその振興施策が規定された。同法の目的は、主要な野菜（指定野菜）について、①野菜指定産地生産出荷近代化計画の策定、②野菜価格安定制度の導入、などにより生産および出荷の安定を図り、野菜農業の健全な発展と国民消費生活の安定に資することであった。同法により、指定産地、指定消費地が設定され、野菜産地の大規模化と大消費地への積極的な野菜供給が進められた。

　この時期、産地では農協が1961年の農協合併助成法を機に市町村区域単位での合併を進め、青果物産地における出荷単位を拡大させた。そして消費地では、1971年に施行された卸売市場法により、全国で生産された生鮮食品を効率よく大消費地に供給するための卸売市場流通システムが確立した。

　一方でこの時期には、農産物の輸入自由化も始まった。1963年にバナナ、1964年にレモン、1971年にブドウ、リンゴ、グレープフルーツの輸入がそれぞれ自由化された。また、1978年にはアメリカ産オウトウ（サクランボ）の輸入解禁が決定した。

　1970年代に入ると、1973年と1979年の2度にわたるオイルショックを契機に、日本経済は低成長期に移行した。

　この時期の農業は、農産物が供給過剰の基調をみせ始める。農産物価格は下落に転じ、米の生産調整（いわゆる「減反政策」）が1971年に開始された。このようななか、青果物は転作奨励作物として位置づけられたが、野菜の生産拡大の一方で、果実は供給過剰となった。とりわけ温州ミカン生産は、価格暴落や産地間競争の激化などによりいわゆる「みかん危機」の状態に陥り、政策的な需給調整を余儀なくされた。一方で、農産物輸入の受け入れや流通面での規制緩和なども実行され、農産物価格は下落基調のまま推移した。農業所得は減少し、兼業化は深化の一途をたどった。

　図7-1は、1960年以降のわが国青果物供給の推移を示している。野菜は、1960年に1,174万tであった国内生産量が、ピークの1982年には1,699万tにまで拡大した。また果実は、1960年に331万tであった国内生産量が、ピークの1979年に685万t（うち温州ミカン362万t、リンゴ85万t）にまで拡大した。しかし、野菜は1980年代後半まで国内生産量が停滞したのち減少に転じ、果実はピークの1979年を境に減少に転じた。また自給率は、1960年では野菜、果実ともに100％を超えていたが、1991年には、野菜が90％を下回り、果実に至っては60％を下回った。

　図7-2は、1965年以降のわが国における青果物生産者数の推移を示してい

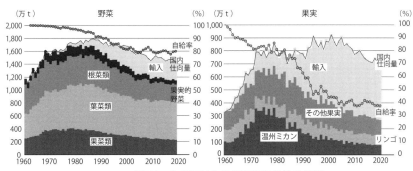

図7-1　わが国における青果物供給の推移

資料：農林水産省「食料需給表」。

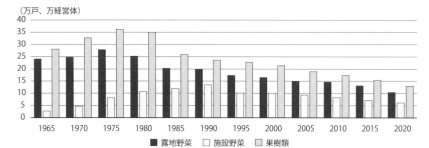

（万戸、万経営体）

図7-2　わが国における青果物生産者数の推移

資料：農林水産省「農業センサス」。

注1）農産物販売金額1位の部門別農家数・農業経営体数について示している。

　2）1965〜1980年のデータは総農家、1985〜2000年のデータは販売農家、2005〜2020年のデータは農業経営体について示している。

　3）「露地野菜」は、1965〜1990年までは「野菜類」について示している。「施設野菜」は、1965〜1995年までは「施設園芸」について示している。

る。1965年の露地野菜農家は24.0万戸、果樹農家は28.1万戸であったが、1975年に露地野菜27.9万戸、果樹36.2万戸にまで増加したのちに減少に転じた。一方、施設野菜農家数は、1965年で2.7万戸であったのが1990年には13.5万戸まで増加したのちに減少に転じた。

（3）「国際化時代」における青果物の需給政策

　1980年代後半以降は、プラザ合意（1985年）におけるG5の円高ドル安容認、日米構造協議（1989 〜 1990年）におけるアメリカの対日市場開放要求の拡大、GATTウルグアイ・ラウンド（1986 〜 1995年）を経て1995年に設立されたWTO（世界貿易機関）による世界貿易自由化体制の確立といったように、自由貿易が世界的に進展した。

　この時期に入ると、グローバリゼーションの進展が農業に大きな影響を及ぼすこととなった。例えば青果物においては、1990年に非かんきつ果汁、およびパイナップル調整品が、1991年にはオレンジ生鮮果実が、1992年にはオレンジ果汁があいついで輸入自由化された。またわが国は、①例外なき関税化、②非関税障壁の撤廃、③国内農業における生産振興や価格支持政策の禁止、を柱としたウルグアイ・ラウンド農業合意を1993年に受け入れた。一方、

この時期の国内農業政策をみると、政府は1992年に「新しい食料・農業・農村政策の方向」（新政策）を打ち出し、認定農業者制度を創設するなど選別的農業支援政策に転換し、全面的な農業保護政策から撤退した。

そして、1999年には農業基本法が廃止され、食料・農業・農村基本法が施行された。また政府は、2014年に農業の「担い手」を認定農業者、集落営農組織、農業法人および認定新規就農者に限定し、経営所得安定対策等の補助対象をこれらに絞るといった政策を展開した。

前掲図7-1によると、青果とも産出額が最も高かった1991年において、国内生産量は野菜が1,536万 t 、果実が437万 t （うち温州ミカン158万 t 、リンゴ76万 t ）であり、自給率は野菜が90％、果実が59％であった。これが、2020年の国内生産量は、野菜が1,147万 t 、果実は268万 t （うち温州ミカン77万 t 、リンゴ76万 t ）となり、自給率は野菜が80％、果実が38％にまで下落した。また、前掲図7-2によると1990年以降は露地野菜、施設野菜、果樹の全てにおいて生産者数が減少し、2020年には露地野菜が10.4万経営体、施設野菜が6.1万経営体、果樹が12.9万経営体となった。

図7-3は、青果物生産を行う農業経営体について、2005年以降の経営体数

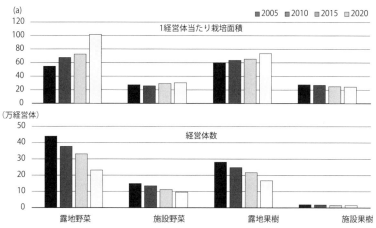

図7-3　わが国における青果物生産を行う農業経営体の状況（2005～2020年）

資料：農林水産省「農業センサス」。
注：販売目的の作物の類別作付（栽培）経営体数と作付（栽培）面積について示している。

と規模の推移を示している。2005年を100とした場合の2020年の指数をみると、経営体数は露地野菜が53、施設野菜が65、露地果樹が59、施設果樹が78であり、1経営体当たりの栽培面積は露地野菜が186、施設野菜が111、露地果樹が122、施設果樹が88である。露地野菜は経営体数の減少に対して経営体単位での規模拡大が一定程度進み、部門別の栽培面積が維持されているが、施設野菜および露地果樹は経営体数の減少に対する経営体単位での規模拡大があまり進んでおらず、施設果樹に至っては経営体数だけでなく経営体の規模も縮小傾向にある。

3. 「国際化時代」における青果物需給を取り巻く環境変化

(1) 消費・流通環境の変化

「国際化時代」における青果物の消費・流通環境の変化について、①国民の食生活の変化、②青果物小売構造の変化、の2点から検討したい。

まず食生活の変化であるが、**図7-4**は青果物の国民1人当たり年間消費量（粗食料）および消費者価格と国産に限った生産者価格の変化を示している。

野菜の1人当たり年間消費量は、1985年に130kgであったのが、2020年には102kgまで減少した。この内訳をみると、1985年の野菜消費量のうち、果菜類24％、葉菜類42％、根菜類26％、果実的野菜8％であった。これが、2020年には果菜類27％、葉菜類47％、根菜類21％、果実的野菜5％となっており、野菜消費の軽量化が読み取れる。国産野菜の割合は1985年で95％であったのが、2020年には80％に縮小した。

一方、果実の1人当たり年間消費量は、1985年に52kgであったのが、2020年は47kgと若干減少した。この内訳をみると、1985年の果実消費量のうち、温州ミカン31％、国産リンゴ12％、国産その他果実31％、輸入果実25％であった。これが、2020年には温州ミカン11％、国産リンゴ10％、国産その他果実16％、輸入果実63％となった。国産果実、とりわけ温州ミカンの縮小の一方で、バナナなど輸入果実の拡大が顕著である。

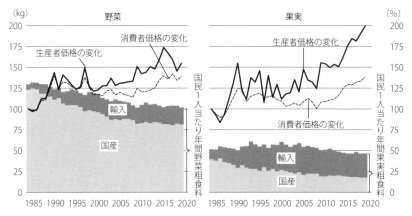

図7-4　青果物における国民の消費量と生産者・消費者価格の変化

資料：農林水産省「食料需給表」、「生産農業所得統計」、「家計調査年報」。
注：1）野菜、果実の各国民1人当たり年間粗食料の国産・輸出の別は、それぞれの重量ベース自給率から換算
　　　　したものを示している。
　　2）「生産者価格の変化」は、わが国における野菜、果実の各産出額（生産農業所得統計）をそれぞれの国
　　　　内生産量（食料需給表）で除したもの（庭先価格）について1985年の数値を100として指数（％）で示
　　　　している。
　　3）「消費者価格の変化」は、「家計調査」の「生鮮野菜」および「生鮮果物」の平均価格について1985年の
　　　　数値を100として指数（％）で示している。なお、2000年までは「全世帯」、2001年からは「2人以上世
　　　　帯」のデータ。

　また、価格動向をみると、国内生産者価格の上昇の幅が、消費者価格のそ
れに比べて大きくなっていることがみてとれる。
　これらは、①野菜消費の軽量化と輸入品の拡大、②果実消費における伝統
的国産果実の縮小と輸入品の拡大、③生産者価格の消費者価格と比べて大き
な上昇、に整理できる。そして、近年における国民の生活様式の変化と大き
く関わっているといえる。つまり、労働力を都市部へ集中させたことによる
核家族化と世帯員数の僅少員化、女性の社会進出の進展の一方で進められた
非正規雇用の拡大と勤労者世帯員の所得低迷、およびこれに起因する世帯総
労働時間の拡大である。これらは、例えば手間のかかる根菜類中心の伝統的
な日本食から手間が省ける軽量野菜中心のメニューへのシフトや、加工食品
への依存拡大、食の外部化・簡便化、個食化・孤食化などを生みだし、先に
挙げた青果物消費構造の変化をもたらした。そしてその背景には、国際化時

代において進められたあらゆる経済的・社会的な規制緩和とグローバリゼーションの進展、それによる多国籍企業への利益集中がある。

　生産者価格の消費者価格と比べて大きな上昇であるが、供給側において、農業所得の不安定性に起因する農業の担い手の高齢化・後継者不足によって生産基盤が脆弱化し、国産青果物の供給が需要に追いつかない状況が主たる要因である。また、近年の気候変動にともない集中豪雨や水害等の自然災害が多発し、青果物に限らず国内農業生産にとって大きな影を落とした。これらが、「生産者も望まない」生産者価格の上昇につながった[2]。

　次に、青果物小売構造の変化であるが、**図7-5**は、消費者の青果物購入先別購入割合の推移を示している。注目すべきは、スーパーのシェア拡大と一般小売店の縮小である。1984年では、一般小売店のシェアが生鮮野菜39%、生鮮果実46%であったのに対し、スーパーのシェアは生鮮野菜51%、生鮮果

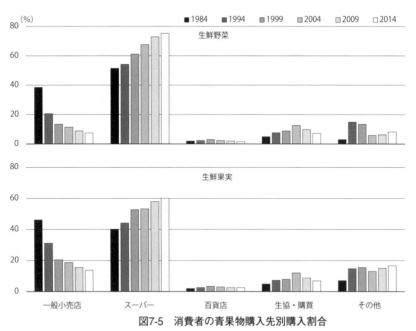

図7-5　消費者の青果物購入先別購入割合

資料：総務省「全国家計構造調査」。
注：2人以上世帯について示している。

実40％であった。これが2014年には、一般小売店のシェアが生鮮野菜８％、生鮮果実14％となった一方、スーパーのシェアは生鮮野菜75％、生鮮果実60％にまで拡大した。

　スーパーのシェア拡大は、青果物流通の大型化に大きな影響を与えた要因のひとつである。商品アイテムの総合性とセルフピッキングの利便性が消費者に受け入れられたスーパーは、大量仕入を背景に青果物ロットの大型化やいわゆる四定条件（定時、定質、定価、定量）を産地や卸売市場に要求するなど、青果物のバイイングパワーを強化させた。青果物流通は、後述するように卸売市場における予約型取引を含む相対取引の拡大、スーパーにおける仕入チャネルの多元化にともなう市場外流通の拡大といった変貌をとげた。産地および卸売市場は、流通の大型化、情報化、物流技術の改革などの対応が必要となったのである。

　この流れに拍車をかけたのが「大規模小売店舗における小売業の事業活動の調整に関する法律」（大店法）の規制緩和である。大店法は、スーパーが急成長し始めた1974年に施行された。同法は、大規模小売業の出店を一定程度規制することによる「店舗周辺の中小小売業者の事業活動の機会の適正な確保」が目的であった。しかし、1990年代に入り小売部門におけるスーパー等量販店の台頭や国際的な流通規制緩和の流れから、1994年に出店調整に関する大幅な規制緩和が行われ大店法は事実上形骸化した。2000年に大店法は廃止され、代わって「店舗周辺の生活環境の保持」という目的のもと、「大規模小売店舗立地法」が施行された。

（2）青果物をめぐる卸売市場政策の変容

　わが国における青果物流通は、卸売市場流通がその中核にある。2019年における生鮮食品の卸売市場経由率は、青果物が54％（野菜63％、果実36％）、水産物が47％、食肉が８％であり、青果物の卸売市場経由率は比較的高い。また、国産青果物の卸売市場経由率は77％である[3]。

　1971年に施行された卸売市場法は、「生鮮食料品等の取引の適正化とその

生産及び流通の円滑化を図り、もつて国民生活の安定に資する」ことが目的であり、戦前より法的に位置づけられていた中央卸売市場に加え、同法により位置づけられた地方卸売市場が全国の地方都市に開設された。

　1971年の施行当時は、次のような卸売市場の原則が設定された。すなわち、①中央卸売市場の公設、②開設区域制（開設区域内の消費需要に対応すること）、③差別的取引の禁止（取引の公平の原則）、④セリ・入札、または相対取引・定価売り（取引の公正・公開の原則）、⑤無条件委託集荷（卸売業者による出荷者からの受託拒否の禁止）、⑥商物一致（現物をもって取引を行う）、⑦当日現金主義、⑧卸売業者の第三者販売および仲卸業者の直荷引きの禁止、である。また委託集荷の場合、卸売業者の委託手数料は定率（野菜8.5％、果実7％）と定められた。卸売市場流通は、生鮮食品における小規模多数の供給者（生産者等）および小規模多数の需要者（専門小売店等）といった流通構造において、公平・公正のもとで効率性を発揮する流通形態であった。

　このような青果物卸売市場流通であるが、大きな変容を遂げたのは1980年代後半以降である。この時期、小売サイドではスーパー等大規模小売資本が台頭する一方、生産サイドでは後述する農協の広域合併と系統2段階への事業再編などにともなう産地の大規模化が進んだ。これらは、小規模多数の供給者と需要者のもとで効率性を発揮していた卸売市場流通に大きな変容をもたらした。

　1990年以降における卸売市場流通の変容は、以下の通りである。すなわち、①卸売市場の減少（取扱高の減少などによる中央卸売市場の地方卸売市場化、大規模流通へ対応のための卸売業者の合併・統合による規模拡大、経営困難などにともなう廃業など）、②流通の多様化（産地直結、地産地消、食の外部化、輸入の拡大など）にともなう卸売市場経由率の低下、③セリ・入札比率の低下（流通の大型化、予約型取引の進展）、④委託集荷比率の低下（買付集荷による大口需要者ニーズに対応した戦略的な品揃え重視へ）、⑤集荷先における商社系比率の拡大（輸入拡大が背景）、⑥大都市卸売市場への取扱集中（地方都市の卸売市場との格差拡大）、である。

　このような状況のもと、卸売市場制度は規制緩和に方向に進んだ。例えば、1999年の卸売市場法改定によりセリ原則が撤廃され、2009年には委託手数料率が自由化された。また、2018年には、①許可制から認定制へ（中央卸売市場における公設原則の撤廃含む）、②取引規定は「卸売業者の受託拒否の禁止」および「差別的取扱いの禁止」のみ（それ以外は原則自由）、③開設区域制の廃止、④取引品目の規制廃止、⑤卸売市場機能以外の機能自由化、など従来の卸売市場制度の根幹にまで及ぶ大幅改定が行われた（細川　2019）。

（3）青果物産地における流通チャネルの形成と展開

　商業的農業の特性を強く有した青果物であるが、流通チャネルについてはその品目特性や産地の立地によって構造が異なっている。

　野菜の場合、腐敗性・損傷性が強く新鮮さが重要であるという商品特性から、かつては大消費地に近い都市近郊に中小規模の産地が形成されていた。そのため、生産者自ら卸売市場に出荷するケースや、集出荷業者が小規模多数の生産者から集荷して市場出荷するケースは少なくなかった（宮井・辻2018，p.141）。また、タマネギなど保存性の高い重量野菜などは、集出荷業者が農家の庭先で買い付けて一定期間保管し、高価格をねらって全国の卸売市場情報から販売先を決めるという投機的な商業行為もみられた。

　一方、果実の場合、嗜好性が高く品質が重視され棚持ちが比較的良好という商品特性から、昔から品目ごとに生産条件のよい地域に産地が形成されていた。そのため、例えば温州ミカンの場合、和歌山県は大消費地に近い立地から個人出荷者や集落単位での任意組合、集出荷業者などの割合が高かった（細野　2009）。これに対し、愛媛県は大消費地からは遠隔地に位置していたため、専門農協を中心とした共同出荷が産地において大きな地位を占めていた（板橋　2020）。また、リンゴの場合は、栽培面で剪定や防除など作業ごとに特殊な技術が必要であるが、主産県の青森県におけるリンゴ生産・販売の組織構造は、①家族経営による一般生産管理、②共同防除組織、③剪定集団、④販売、の4要素による縦割り型構造となっている（長谷川　2012）。

そして流通面では、集出荷業者などが産地において大きな地位を占めていた。

　高度経済成長期以降、青果物産地において中核的存在となったのが農協共販である。果樹産地のなかには、戦前期の商人資本に対抗してグループあるいは集落単位で結成された自主的共販組織に立脚している農協共販組織は少なくない。農協は、青果物においては卸売市場流通を核として共販を基本戦略に、系統3段階制のもとで全国的な規模での一元集荷・多元販売をめざして販売事業を展開してきた。農協共販は、産地マーケティングの柱として共販品の定時・定質・定量出荷を企図して営農指導事業とセットで進められてきた。農協組合員である青果物生産者にとって共販のメリットは、①当日現金主義の取引原則を持つ卸売市場流通利用にともなう代金回収面でのリスク回避や、比較的短期の決済期間での代金精算、②生産部会をベースに組織的な営農指導体制のもとでの農業技術の向上や、共同利用施設を利用しての選別・出荷などへの家族労働力投入の大幅な削減、などが挙げられる（細野2018b）。

　1980年代半ばに入ると、4期にわたる全国総合開発計画などに基づき全国に高速道路網が整備されるとともに、農産物の保冷・輸送技術が向上し、遠隔地からの輸送でも鮮度保持が可能になった。青果物は、生産条件のよい地域において、農協によってその財政基盤をもとに大型集出荷場などの施設をともなう大規模産地が形成された。また、小売部門では前述の通りスーパー等大規模小売資本が支配的地位を確立し、「四定条件」を満たした大型ロットによる出荷を産地に要求した。食の外部化の進展によって輸入青果物需要も拡大し、国内産地は縮小するパイの中で競争優位を獲得するための産地マーケティングを展開した。

　これまで述べたものとは別に、農協の販売組織を大規模化させる大きな契機のひとつに、バブル経済崩壊で住専問題が顕在化した1990年代前半から開始された農協の広域合併が挙げられる。1993年に開催された第20回JA全国大会では、経営改善をその目的として農協の市町村域を超えた合併（農協の広域合併）と系統2段階（都道府県連合会を廃止し、全国段階と単位農協の

２段階とする）への組織改革が検討された。福岡県内では、1994年に甘木市、朝倉郡周辺の７農協が合併し、青果物販売金額100億円を超える筑前あさくら農協が、また1996年に八女市、筑後市、八女郡周辺の８農協が合併し、青果物販売金額300億円を超える福岡八女農協がそれぞれ誕生した。また、愛媛県ではかんきつ販売の中核的存在であった大型専門農協が、県内総合農協の広域合併に併せてこれらと合併し総合農協化するという動きもみられた（板橋　2020）。1990年に3,574であった総合農協数が、2020年には627に減少した。

４．「国際化時代」における青果物産地の対応

　青果物需給をめぐる国際化時代に突入し、青果物産地ではこのような外部環境の変化のもとで、生産者においては認定農業者層と自給的農家層とに階層分解が急激に進んでいる。また、産地においても大規模産地（首都圏・遠隔地）と小規模産地（中山間水田地帯を含む）とに階層分解が急激に進んでいる。このような状況は、生産基盤の脆弱化を生み出しており、国産青果物はその需要に供給が追いつかず、「生産者も望まない」価格上昇が起きている点が大いに懸念される。一方で、「団塊の世代」等の定年帰農も進み、産地における重要な担い手として注目を集めている。

　表7-2は、国際化時代における産地対応について、農協組織が行う特徴的な３つの取組事例を示している。事例１の広島北部農協における白ネギ共販体制の確立は[4]、中小規模産地においても堀田（1995）が指摘した「生産農家の機能的組織化」が産地維持にとって重要であったことが示唆される。事例２の越智今治農協における重層的な販売体制は[5]、豊田（1990）が指摘した「地域農業と生産構造の多様性に適合しうるようコーディネートする民主的マーケティング管理体制」の実現過程がまさに示されている。事例３の広島ゆたか農協がレモン周年供給をめざして構築したフードバリューチェーンは[6]、斎藤（2017）が示した「農業生産から消費までつなぐ競争力のあるフ

表7-2　「国際化時代」における青果物産地の対応事例

名称	（事例１）広島北部農協の白ネギ共販体制	（事例２）農産物直売所「さいさいきて屋」	（事例３）「大長レモン」のフードバリューチェーン
場所	広島県安芸高田市、北広島町	愛媛県今治市	広島県呉市豊町・豊浜町、大崎上島町
農協名	広島北部農協	越智今治農協	広島ゆたか農協
取組の概要	・個選と共販を併用：共選は、大型ロットの定時・定量・定質販売に対応したライン。個選は、販売先からイレギュラーな規格の要請に対応できる生産者を挙手によって決定。 ・「中層農家」の育成：もう少しで目標が達成できる出荷者（中層農家）に対して、営農指導員が重点的に技術や経営に関する個別指導を行う。	・直売所にレストラン、カフェなどを併設して顧客を呼び込む。 ・55歳以上、50a農家層を直売所出荷者の中心的担い手と位置づけ。 ・直売所の顧客層を「食にこだわりを持つ熟年夫婦」等に絞り、「子育て世代」が主であるスーパーの顧客層と棲み分けて共販品との競合を避ける。	・①長野県あづみ農協のリンゴ貯蔵庫を利用した5～6月の供給、②鮮度保持パック「Pプラス」による7月～8月の供給、③ハウスレモンの導入による8月～9月の供給、以上3つの方法により「レモンの周年供給体制」を確立。 ・ポッカサッポロ社と包括連携協定を締結。
取組の特徴	縮小再編段階にある中山間水田地帯において、「生産農家の機能的組織化」の実践により産地の持続性向上を企図。	地域農業の持続性向上を企図した農協内販売チャネル間の相互理解の下での連携→「重層的産地形成」	他県の農協や大口需要者などをパートナーとして位置づけ、相互の信頼関係の下でフードバリューチェーンを構築。

資料：細野（2018a, 2019. 2021）に基づき筆者作成。

ードシステム」の構築が農協主導により実現されている。これらは、青果物生産の持続的発展に向けて、日本の農業経済学分野において既に提唱されていた概念である。

　図7-6は、青果物産地および生産者の階層分解が進むもとで、表7-2に示した３事例を含む産地戦略の展開を示している。この図では、事例で示した３つの概念を含んだ産地戦略が相互作用を起こし、青果物生産をめぐる全ての産地層および生産者層に対する生産・販売対応が可能な構図が示されている。環境変化のもとでの青果物産地の展開を考察するうえで、選別的農業支援政策のアンチテーゼとしてさらに事例研究を重ねて精査し、実践に向けて具体的な行動を起こす必要がある。

　そして、これらの事例においてその取組主体となっているのが、「耕作者本位により自主・自立のもとで結成された協同組合」としての農協組織である。神田（1991）は、農協共販の基本原則は「農民の営農と暮らし・地域農業の発展を目指す立場」であると指摘した。そして、このような営農と暮らし・地域農業を発展させるための必要条件として、農協が行う総合事業の概念は重要である。これまでわが国の農協は、日本型の総合事業を展開するこ

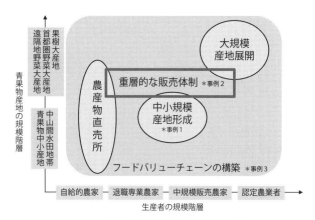

図7-6　青果物をめぐる産地戦略の展開

とで、収益性が比較的低いものの農協の本来的な事業である営農経済事業に対して必要な経営資源を投入することを可能にしてきた。前述の3事例も、基本的には総合農協としての財政基盤が備わっていたからこその取組であるといえる。わが国における協同組合の萌芽は農民互助的な金融事業であり、相互扶助の精神で農民自らの生産・生活を守り向上させる役割を歴史的に担ってきた。この点も含めて、農協が総合事業を行う意義を再確認すべきである。

注
1）農林水産省「果樹とは」https://www.maff.go.jp/j/seisan/ryutu/fruits/teigi. html（2021年9月8日閲覧）を参照。
2）「生産者も望まない」価格上昇とは、国産青果物の価格上昇が需要減退につながると、結果的に販売金額が確保できず、国内における青果物生産者の所得が確保できない状況を示している。
3）2019年における卸売市場経由率は、農林水産省「令和3年度　卸売市場データ集」に掲載された数値を示している。
4）事例1の詳細は、細野（2019）を参照のこと。
5）事例2の詳細は、細野（2018a）を参照のこと。
6）事例3の詳細は、細野（2021）を参照のこと。

引用・参考文献

長谷川啓哉（2012）『リンゴの生産構造と産地の再編—新自由主義的経済体制下の北東北リンゴ農業の課題—』筑波書房.

細川允史（2019）『改正卸売市場法の解析と展開方向』筑波書房.

細野賢治（2009）『ミカン産地の形成と展開—有田ミカンの伝統と革新—』農林統計出版.

細野賢治（2018a）「ファーマーズマーケットを核とした営農経済事業の構築〜『さいさいきて屋』は地域の食と農の結節点〜—JAおちいまばり（愛媛県）の取り組み」『月刊JA』第64巻第1号，pp.14-18.

細野賢治（2018b）「農業協同組合の展開と新たな情勢・課題」『現代の食料・農業・農村を考える』ミネルヴァ書房，pp.186-202.

細野賢治（2019）「中山間水田地帯における白ねぎ導入による野菜産地形成〜広島県内のJA連携を事例として〜」『野菜情報』第185号，pp.38-48.

細野賢治（2021）「JA広島ゆたかのレモン周年供給を目指したフードバリューチェーンの構築」『月刊JA』第67巻第11号，pp.34-37.

堀田忠夫（1995）『産地生産流通論』大明堂.

板橋衛（2020）『果樹産地の再編と農協』筑波書房.

神田健策（1991）「系統農協の園芸事業と卸売市場」『問われる青果物卸売市場—流通環境の激変の中で—』筑波書房，pp.99-123.

岸上光克（2004）「野菜生産を取り巻く環境変化と産地の課題」『食と農の経済学—現代の食料・農業・農村を考える—』ミネルヴァ書房，pp.121-133.

宮井浩志・辻和良（2018）「園芸を取り巻く環境変化と産地の課題」『現代の食料・農業・農村を考える』ミネルヴァ書房，pp.136-152.

農林統計協会（2000）『改訂新盤　農林水産統計用語辞典』農林統計協会.

斎藤修（2017）『フードシステムの革新とバリューチェーン』農林統計出版.

徳田博美（1997）『果実需給構造の変化と産地の再編—東山型果樹農業の展開と再編—』農林統計協会.

豊田隆（1990）『果樹農業の展望』農林統計協会.

（**細野賢治**）

第8章

酪農・畜産政策の新自由主義的改革と生乳流通[1]

1. 新自由主義と国家、農業政策

　新自由主義下の国家は、19世紀前半の自由主義段階のように、経済領域への介入や関与を単純に後退させているわけではない。むしろ、新自由主義的国家は、市場メカニズムを作用させるための介入を強化し、経済領域における能動的な主体として振る舞っている（Mirowski 2014 and Bonanno 2018）。

　この傾向は、農業政策でも顕著である。従来、農業はその自然制約などから資本主義的生産関係の発展が抑制され（Mann and Dickinson 1978）、市場メカニズムに抑制的に作用する制度や慣習に基づく調整機構を有してきた。戦後日本の場合、農産物の価格・流通統制や輸入管理を特徴とする農業政策の体系、すなわち「基本法農政」が1960年代に成立した[2]。だが、早くも1970年代には財政制約による基本法農政の形骸化が始まり、1990年代に入ると農業政策の新自由主義的改革が本格化、市場メカニズムの導入によって基本法農政の解体が進んでいった（田代　2019）。

　ところで、農業政策の新自由主義化には、農産物の品目間で濃淡がある。酪農は、2010年代前半時点で、基本法農政の残滓を相対的に色濃く残す部門のひとつであった。その理由には、①乳製品は国際競争力を持たないため輸入管理・制限が行われてきた、②日々生産され保存性の低い生乳は酪農家が

個別に需給調整を行えないため、制度に基づく生乳流通の組織化が高水準に保たれてきた点がある。①に対応するのが輸入乳製品に対する関税と国家貿易制度、②に対応するのが指定生乳生産者団体制度（以下、指定団体制度）であり、これらは1960年代から2010年代までその基本的な枠組みを維持してきた。しかしながら、2018年以降に相次いで発効したメガサイズ経済連携協定（以下、メガEPA）と2018年度の生乳流通制度改革は、日本の酪農政策の根幹の大きな転換であるとともに、これら新自由主義的改革による酪農乳業の矛盾深化が予想される。

　本章の課題は、2010年代における新自由主義的な農政改革とその生乳流通への影響の分析を通じて、生乳流通と農業政策で深化する矛盾を論じることである。まず、改革の対象である基本法農政下の酪農政策の基本的枠組みを述べる。次に、2010年代の新自由主義的な酪農・畜産政策改革としてメガEPAと関連国内対策、ならびに生乳流通制度改革の内容を検討する。つづいて、酪農主産地である北海道を事例に、新自由主義的改革が生乳流通に及ぼしている影響を分析し、酪農乳業と酪農政策で深まる矛盾を論じる。

２．基本法農政下の酪農政策

　まず、基本法農政下の酪農政策の枠組みを簡単に確認する[3]。1960年代前半の時点で、牛乳・乳製品は消費拡大が期待される一方、零細な酪農経営と乳業メーカーとの取引関係の非対称性、酪農家に不利な乳価形成、輸入乳製品の影響による国内乳価の低下・不安定性という問題があった。畜産物価格安定法（1957年）などの既存の価格安定対策の効果が十分ではなく、1966年度に加工原料乳生産者補給金等暫定措置法（以下、暫定措置法）が施行された。この政策体系は、一般的に加工原料乳生産者補給金制度（以下、補給金制度）と呼ばれる。補給金制度の基本的枠組みは、①政府による乳製品向け乳価・乳製品価格の設定と市場介入を通じた誘導、ならびにこれら行政価格から設定される補給金の交付による酪農経営の下支え、②「指定生乳生産者

団体」（以下、指定団体）と呼称された行政の指定する特定の農協連合会への生乳出荷の集中（指定団体制度）、③政府による乳製品輸入の管理（国家貿易制度）と関税・輸入数量制限による国境措置であった。

　1980年代から90年代にかけて政府による価格設定・誘導は次第に形骸化し、WTO協定（1995年発効）を受けた2000年の法改定で、政府による価格設定・誘導は廃止されたが、補給金交付・指定団体制度・国家貿易制度および関税措置という基本的な枠組みは維持されてきた。しかし、この枠組みは、2010年代のメガEPA発効と生乳流通制度改革で大きく変化した。

3．酪農・畜産におけるメガEPAと関連国内対策

（1）関税の撤廃・削減とその影響

　2018年以降、日本が多くの乳製品・畜産物を輸入する国・地域とのメガEPAが相次いで発効した。すなわち、オーストラリアとニュージーランドを含む「環太平洋パートナーシップに関する包括的及び先進的な協定」（以下、CPTPP）（2018年12月発効）、日本・欧州連合経済連携協定（以下、日本EU・EPA）（2019年2月発効）、日米貿易協定（2020年1月発効）である。

　表8-1に、主な乳製品・畜産物に関するメガEPAの合意内容を示した。

　メガEPA発効以前は、国内市場への影響が大きいバター・脱脂粉乳・ホエイなどの乳製品には高関税を課すが、国家貿易[4]や関税割当で必要に応じて低関税で輸入可能とする一方、ナチュラルチーズや各種調整品は相対的に低関税とする関税構造であった。一連のメガEPAで注目すべきは、従来のEPAでは関税撤廃の行われてこなかった品目での関税撤廃である。とくに、輸入に数量・用途規制のない自動承認区分におけるナチュラルチーズとホエイの段階的な関税撤廃は影響が大きいと思われる。

　ナチュラルチーズは日本の乳製品輸入の7割近く（生乳換算）を占め、しかも今回のメガEPA締結国からの輸入がすでに9割以上に達している（財務省「貿易統計」）。3つのEPAでは、チェダー・ゴーダ等といった、ソフ

表 8-1　メガ EPA における主な乳製品・畜産物の合意内容

品目名		現行関税率	CPTPP	日米貿易協定	日 EU・EPA
脱脂粉乳		自動承認：21.3%+369 円/kg 関税割当（学校給食）：25% 国家貿易：25%	関税割当：6 年目までに枠数量 3,719t（製品重量）に拡大、11 年目までに枠内税率 25%、35%まで削減		関税割当：6 年目までに枠数量 1.5 万 t（脱脂粉乳・バター合計製品重量）に拡大、11 年目までに 25%、35%まで削減)
バター		自動承認：29.8%+985 円/kg 国家貿易：35%	関税割当：6 年目までに枠数量 3,719t（製品重量）に拡大、11 年目までに枠内税率 35%まで削減		関税割当：6 年目までに枠数量 1.5 万 t（脱脂粉乳・バター合計製品重量）に拡大、11 年目までに 35%まで削減)
ホエイ（タンパク質含有量 25–45%）		自動承認：29.8%+425 円/kg 国家貿易：25%など	段階的に 21 年目に撤廃（セーフガードあり）		段階的に 11 年目に 3 割水準まで削減（セーフガードあり）
ナチュラルチーズ	おろし及び粉チーズ	26.3%	段階的に 16 年目に撤廃		
	ソフトチーズ以外のその他（チェダー・ゴーダ等）	自動承認：29.8% 関税割当（プロセスチーズ原料用）：国産品使用を条件に無税（国産：輸入=1:2.5）	段階的に 16 年目に撤廃		
	クリームチーズ（脂肪分 45%未満）	29.8%	段階的に 16 年目に撤廃		
	ソフトチーズ（カマンベール等）	29.8%	関税維持		関税割当：16 年目までに枠数量 3.1 万 t（製品重量）まで拡大、段階的に 16 年目に撤廃
	クリームチーズ（脂肪分 45%以上）	29.8%	即時 10%削減（26.8%）		
	モッツァレラ等（クリームチーズ以外）	29.8%	関税維持、関税割当（シュレッドチーズ原料用）：国産品使用を条件に無税（国産：輸入=1:3.5）※米国向けはなし		
	ブルーチーズ	29.8%	11 年目までに 50%削減		
プロセスチーズ		40.0%	関税割当：11 年目までに枠数量 150t（豪州・NZ・米国の各国）に拡大、段階的に 11 年目に撤廃		
牛肉		38.5%	段階的に 16 年目に 9%まで削減（セーフガードあり）		
豚肉		4.3%+482（361）円/kg	従量税は段階的に 11 年目に 50 円/kg まで削減、従価税は段階的に 11 年目に撤廃（セーフガードあり）※EU の撤廃・削減時期は 10 年目		
鶏肉		8.5%、11.9%	段階的に 11 年目（あるいは 6 年目）に撤廃		
全卵及び卵黄		18.8-21.3%、又は 48-51 円/kg	段階的に 13 年目（又は 6 年目）に撤廃		

資料：農林水産省（2017a）、農林水産省（2017b）、農林水産省（2019a）より作成。
注：プロセスチーズ原料用ナチュラルチーズの関税割当は、クリームチーズ・モッツァレラ等も対象に含む。

トチーズ以外のその他のチーズやクリームチーズ（脂肪分45％未満）など、輸入の多い品目で段階的に関税撤廃となる。加えて、日EU・EPAでは、他の二つのEPAでは関税維持・削減にとどまったモッツァレラ等やソフトチーズなどでも、枠数量内ではあるが関税撤廃にまで踏み込んだ。北海道の生

乳の約1割、40万t強がナチュラルチーズへ加工されており、乳価や国産品需要への影響が予想される。プロセス原料用ナチュラルチーズを対象とした国産品との並行使用を条件に輸入品を無税とする関税割当は維持されるものの、段階的な関税削減で関税割当の利用メリットがなくなり、現在、国産品の半分弱を占めるプロセスチーズ原料用の需要が失われる恐れがある（清水池　2017a）。

　ホエイは、ナチュラルチーズの副産物として製造される粉末状の乳製品で、タンパク質含有量25～45％のホエイは脱脂粉乳と代替性が高い。ホエイの段階的な関税撤廃は、国産脱脂粉乳の価格と需要、同用途向け乳価に影響を及ぼすと考えられる（清水池　2017a）。影響の及ぶ用途は脱脂粉乳・バター等向けと同用途の中間生成物である生クリーム等向けで、日本の生乳の約4割（290万t）に達し、ナチュラルチーズより影響の範囲は広い。

　脱脂粉乳とバターは、国家貿易制度は維持されたが、対象国向けの関税割当が新設された。枠数量は現状の輸入量水準、枠内税率の削減も国家貿易水準にとどまるため、影響は限定的と見られる（清水池　2017a）。その他にも、幅広い乳製品調製品で関税撤廃や削減（関税割当含む）が行われている。

　乳製品以外の畜産物では、牛肉と豚肉では段階的な大幅な関税削減、鶏肉と卵では段階的な関税撤廃であり、いずれも従来のEPAにはない自由化水準となった。とくに、牛肉と豚肉はタリフライン数（関税対象品目区分数）に占める関税撤廃品目の比率がいずれも7割前後と突出して高く（乳製品は2割弱）、肉そのものを除く調製品はほぼ関税撤廃となった（東山　2016）。

　政府によるCPTPPと日米貿易協定の影響試算（農林水産省 2019b）によれば、生産減少額は牛乳・乳製品で約182億円～約276億円、牛肉で約393億円～約786億円、豚肉で約148億円～約296億円である[5]。これら畜産物三品目だけで農産物の生産減少額合計の約8割を占め、メガEPAの影響はとくに畜産物に集中している。政府試算は、輸入価格低下による国内価格下落のみを考慮し、国内対策の実施で生産量は減少しないという前提条件であるため、影響を過小評価している可能性がある（清水池 2017a）。

（2）「総合的なTPP等関連政策大綱」

　メガEPA合意を受け、政府は包括的な国内対策パッケージである「総合的なTPP等関連政策大綱」（以下、大綱）を策定・改訂し、法律や制度の制定・改訂を行った。その内容は大きく二つあり、一つが国際競争力強化・担い手政策、いま一つが貿易自由化の影響を緩和する経営安定対策である。

　酪農・畜産部門の競争力強化・担い手対策には、経営規模拡大や省力化設備を導入する経営に対して投資額の最大半額を補助する畜産クラスター事業、チーズ向け生乳の品質向上に取り組む生産者に対する交付金（生乳1kg当たり最大15円）やチーズ工房への設備投資補助などから成る国産チーズの競争力強化対策などがある。一方、酪農の経営安定対策としては、2017年度に補給金制度が改定された。従来の脱脂粉乳・バター等、チーズ向けに加えて新たに生クリーム等向け生乳が補給金交付対象となったほか、乳製品向け乳価と生乳生産費との差額を補給金単価の基準とし、単価を一本化する算定方式へ変更された[6]。牛・豚は、生産費と販売価格の差額を交付金で補填する肉用牛肥育安定交付金（牛マルキン）と肉豚経営安定交付金（豚マルキン）の法制化＝恒久事業化（畜産経営安定法）、差額補填率を8割から9割へ引き上げ、交付金の国庫負担割合の引き上げ（豚のみ）といった内容である。メガEPAの影響が酪農・畜産に集中することもあり、同部門対象の国内対策では相対的に大きな額の財政支出が行われている。

　畜産クラスター事業など大規模投資奨励策によって、メガファーム（大規模な企業的経営）の設立や搾乳ロボットなど省力化設備の導入が進み、近年、減少・停滞傾向にあった生乳生産が2019年度以降は増加に転ずるといった成果が見られている。また、事業利用要件が緩和され、大規模経営だけではなく、中小規模の家族経営でも利用できる事業へと改定された。しかし、高い補助率がゆえの過剰投資に加え、大規模経営は飼料や労働力などで外部資源への依存度が高く、中規模経営と比べて生産費は必ずしも低くはない。大規模経営は飼料価格や乳価の変動に脆弱性があり、大規模経営への過度な依存

は生乳生産や農村社会の持続性の観点から懸念がある（清水池　2020）。酪農の補給金制度と牛・豚マルキンは畜産物価格と生産費との差額を補填する制度で、差額関税撤廃・削減による国内価格下落の影響を緩和できる制度にはなっている。しかし、下落分を完全に補填する制度ではなく、また価格下落幅が拡大した場合、財政制約により補填が不十分になる可能性がある（清水池　2017a、東山　2016）。

4．生乳流通制度改革と「制度としての農協」の終焉

（1）指定団体制度と「制度としての農協」

　生乳流通制度改革は、規制改革会議（当時）が2016年３月に公表した「意見」で表面化し、同年11月に「農業競争力強化プログラム」の一部として取りまとめられ、2017年度末の暫定措置法廃止と2018年度の改正畜産経営安定法（以下、改正畜安法）施行という形で決着した補給金制度の改革である。これによって、1966年度からつづいてきた指定団体制度は廃止され、生乳流通制度は大きく変化した。具体的には、第１に特定の農協連合会以外の事業者に対しても補給金の交付が可能になった点、第２に全量委託原則から部分委託を明示的に可能とする制度へ変更された点である。

　指定団体制度は、酪農家の生乳出荷を、行政が指定する特定の農協あるいは農協連合会（＝指定団体）に集中させ、いわゆる一元集荷多元販売を行う制度である。補給金の交付要件に指定団体出荷を課すことで、酪農家を指定団体出荷へと誘導した。また、指定団体の事業地域は重複させず、特定の地域で指定団体に指定されるのは１組織のみであった[7]。零細多数の酪農家をひとつの大きな販売単位へまとめることで、乳業メーカーとの対等な交渉を通じた適正な乳価形成や集送乳経費の低減、円滑かつ効果的な需給調整機能の発揮が期待された（清水池　2018）。

　指定団体制度の目的から、酪農家の生産した生乳を全量、指定団体（直接はそれを構成する単位農協）に出荷する全量委託原則が採用された。ただし、

法制度上、全量委託の義務化ではなく、指定団体申請時に農林水産省に提出する生乳受託規程の模範条文に無条件全量委託を記載し、行政的に全量委託を推奨するという手法が採用された[8]。実際にはほぼすべての契約が全量委託であり、全量委託は関係者に共有された暗黙のルールであったといえる。

指定団体制度の核心は、指定団体に指定されるのは、農協（農協連合会を含む）のみで、それ以外の企業などの事業者は対象にならない点である。具体的には、生乳の受託販売と乳価プールをともなう共同販売、そして一元集荷多元販売を行う農協が指定団体になることが、補給金制度の前提とされた。当時の政府には、こういった機能を持つ農協が指定団体を担うことで、酪農家にとって公平で効果的な補給金制度の運用が可能になるという意図があったと思われる[9]。よって、指定団体制度は、太田原（2016）の言う「制度としての農協」の典型例である。「制度としての農協」は、直接には、国の社会経済制度として農協が組み込まれている状態を意味する。加えて、「制度としての農協」は、自主自立の協同組合が国の制度に組み込まれることの矛盾も含意しており（北原 2017, p.55）、補給金制度の歴史的展開と今回の改革はその矛盾を端的に示している。

（2）生乳流通制度改革の意味

改正畜安法で、日本の生乳流通制度は以下の2点で大きく変わった。

第1に、従来、補給金の交付対象は特定の農協連合会、すなわち指定団体に限定されていたが、その限定がなくなり、一定の要件[10]を満たせば企業を含む事業者にも交付対象が拡大された点である。また、補給金は、集送乳経費補填に相当する集送乳調整金とそれ以外の生産費を補填する補給金とに区分され、別々に交付されることになった。集送乳調整金の交付対象は「指定事業者」と呼ばれる。指定事業者は、都道府県以上の区域を対象に、政省令で定める「正当な理由」（後述の「いいとこどり」防止ルール）以外で生乳の受託販売（買取販売含む）を拒否しない旨を定款などで定める事業者とされ、実質的に旧制度の指定団体が該当する。よって、指定事業者（指定団

体）とその他の事業者との補給金単価には、集送乳調整金分の差がある[11]。なお、2021年度の補給金は8.26円/kg、集送乳調整金は2.59円/kg、交付対象数量は乳製品向け生乳345万 t である。

　第2に、酪農家が希望すれば、指定事業者を含む系統農協組織とそれ以外の事業者との双方に同時並行で生乳出荷を行う部分委託、すなわち「二股出荷」ができるとの認識が関係者で共有された点である。前述のように2017年度以前でも部分委託は禁止ではなかったが、その事例はほぼなかった。改正畜安法では、指定事業者が酪農家に全量委託（全量売渡を含む）を求める取引の禁止が明示された（同法施行規則第20条4）[12]。これにより、全量委託は原則から任意の契約へと関係者の認識が一変したのである。

　ただし、制限なく部分委託を認めれば、都合のいい時だけ農協共販を利用する「いいとこどり」が発生し、共販参加の酪農家が不公平な負担を強いられる懸念がある。そこで、改正畜安法では、指定事業者が、部分委託を行う酪農家の共販事業利用を拒否できる条件（以下、「いいとこどり」防止ルール）が制定された（同法施行規則第19条）。具体的には、季節変動を超えて増減する取引、短期間の取引、特定用途のみの取引、共販の統一基準に適合しない取引、契約数量から大幅に増減する取引、虚偽・不正の申出による取引などである。これらの取引が、法的に示された狭義の「いいとこどり」である。

　生乳流通制度改革をリードした規制改革会議とその後継の規制改革推進会議は、農協と他の事業者とを同等に扱う（＝農協を優遇しない）という「イコール・フッティング」の理屈を前面に掲げた。同会議委員らは生乳流通における農協共販率の低下が望ましい旨を明言しており、市場メカニズム貫徹を阻害すると彼らがみなした農協組織を排撃する意図は明白であった。中央会制度廃止に代表される一連の「農協改革」との連続性が濃厚である[13]。

　「制度としての農協」の観点からは、改正畜安法によって酪農における「制度としての農協」は終焉したといえる。1970年代以降の需給緩和で補給金制度の機能不全と、2000年改定による政府価格の廃止で、本来は政府が担うはずだった需給調整や価格形成といった酪農経営の安定に直結する機能を、そ

の制度的義務がない農協組織（指定団体）に依存する体制がつづいてきた（清水池　2019）。つまり、「制度としての農協」の擬制化[14)]が進んできたが、形式的には制度として農協組織が位置付けられてきた。しかし、改正畜安法では、農協組織の形式的な位置付けも削除された。農協連合会共販が生乳流通で依然として大きなシェアを有しているとしても、大きな転換点といえる。

5．新自由主義的改革による生乳流通の変容—北海道を事例に—

　本節では、既述のような新自由主義的改革が生乳流通に及ぼしている影響を、北海道を事例に検討する。

（1）改革後における北海道の生乳流通

　2000年度以降の系統農協以外の事業者に対する生乳出荷（以下、系統外出荷）の数量の生乳生産量に対する比率を求めると、北海道と都府県はともに2010年代半ばにかけて数量・比率ともに低下した後、上昇傾向にある[15)]。北海道の系統外出荷率は、2014年度の2.3％を底として、2017年度3.1％、2018年度3.4％、2019年度4.0％と上昇、2020年度はやや低下して3.6％である。比率上昇は改正畜安法以前からの傾向であり、改正畜安法施行で傾向が大きく変わっているわけではない。北海道の系統農協出荷を担うホクレン（指定事業者）の共販率は、依然として95％以上の高い水準である。

　2018年度以降、ホクレン全量委託から全量系統外出荷、あるいは部分委託へ切り替えた酪農家は、各年度で一桁にとどまっている。逆に、2020年度には全量系統外出荷、あるいは部分委託から、ホクレン全量委託へ戻る酪農家も複数戸、出ている。2020年度現在で系統外出荷は約40戸（サツラクなど伝統的な系統外出荷者を除く）、その大半が全量系統外出荷で、部分委託を行う酪農家は10戸未満で多くはない。系統外出荷者は、北海道東部の釧路・根室地域に集中している。

（2）新型コロナ危機と需給調整の綻び

　新型コロナウイルス感染症（COVID-19）は、日本の酪農乳業にも大きな影響を与えている。外食・観光需要の減少などで牛乳・乳製品消費が大幅に減少した結果、乳製品在庫量は脱脂粉乳8万t、バター4万tと過去最高の水準に達し（2021年3月末時点）、2021年度現在も増加傾向にある。

　ところで、欧米諸国では2020年春のロックダウン時に、大量の生乳廃棄や乳価下落が起きたが、日本ではそういった事態は起きていない。その理由の一つが、指定団体制度に基づいて構築されてきた指定団体と乳業メーカーの需給調整システムである。指定団体は生乳を、飲用乳や乳製品の需要に応じて用途ごとに乳業メーカーへ分配する。過不足が生じた場合は、貯蔵可能な脱脂粉乳・バターの製造量、つまり在庫で調整する。今回のように需要が大幅に減少した場合、脱脂粉乳・バターの在庫が積み上がる。酪農家から工場までの生乳輸送とその用途間分配を主導するのは指定団体であり、生乳はとりあえず工場へ配送され、過剰時は在庫として積み上がる体制となっている。そのため、欧米のような生乳廃棄を回避できた。

　ただし、新自由主義的改革は、この需給調整システムを危機に晒している。需給調整の前提は、国内の乳業メーカーが脱脂粉乳・バターを安定的に製造できることである。だが、1990年代以降の需給緩和の頻発と将来的な関税削減による経営環境の悪化によって、上場企業の乳業メーカーを中心とする需給調整機能の低下が今回の危機で露わとなった（清水池　2021a）。1990年代まで存在した国の在庫買上げ制度はすでになく、今回の危機では在庫費用の一部を負担する臨時対策が行われるだけで、需要回復の見通しのたたない未曾有の在庫増加に対する国の今後の対応は不透明である。すでに酪農家負担による北海道独自の在庫削減対策で実質的に乳価が下落しており、今後、何らかの生産調整まで実施されれば酪農経営に大きな影響が生じかねない。そして、改正畜安法により、多くの酪農家は系統外出荷を以前より現実的な選択肢として意識するようになった。酪農家に負担を求める需給調整は系統外

出荷へ酪農家を押しやり、需給調整の実効性を危うくする事態が懸念される。

（3）農協共販における信頼関係の変質

　改正畜安法施行後、「いいとこどり」該当事例が実際に起きたが、現時点では減る傾向にある。北海道では、契約年度中の出荷変更は2019年度に散発したが（それでも1桁台）、2020年度は1件だけである。その多くは、改正畜安法や生乳取引契約の理解不足、当事者間の認識の離齬によるもので、改正畜安法制定時に懸念された明確な悪意に基づく「いいとこどり」はほぼ見られない。関係者の制度理解が進み、「いいとこどり」は今後も少なく推移すると予想される。

　生乳流通制度改革の火付け役となった本州の生乳卸売業者は、改正畜安法で系統農協と同じ補給金交付対象事業者になったが、2019年末に北海道内の酪農家との間で「乳質」を理由とした集乳拒否トラブルを起こし、結果的に多くの生乳が廃棄された。安定的な生乳販売が補給金交付対象事業者の要件であったはずだが、問題が発生している。

　ホクレンは、「いいとこどり」発生を受け、「いいとこどり」に該当する取引は原則拒否とする「全道ルール」を策定、2021年度から運用を開始した。すでに、2019年度から、一方的な年度途中の契約解除や変更など「いいとこどり」発生時に、対象生乳1kg当たり3円の支払いを該当酪農家に求める共販事業維持負担金を導入したが、これも含めて全体的な取引ルールを明確化した。「いいとこどり」の取引は原則拒否としたので厳格にも見えるが、救済措置があり、実際に取引拒否となる事例はまずないようにも考えられる。むしろ、明確なルールを設定して際限のない「いいとこどり」が起きないことを保証し、既存の共販参加者を安心させる効果を意図したものといえる。

　共販率の大幅低下や「いいとこどり」多発は起きてはいないが、現時点で懸念されるのは、農協共販を支えてきた酪農家間の信頼の変質である。

　農協共販はその高い市場シェアによってメリットが得られる事業である。よって、共販加入者は、共販に加入する自分以外の生産者も継続して共販に

加入しつづけるという前提に立脚している。もし、そうでなければ共販への信頼や期待は低下し、共販外出荷の方が利益を得られる酪農家を中心に実際に離脱者が相次ぐ。指定団体制度は、共販に対する酪農家の信頼や期待を制度的に担保する効果もあったといえる。しかしながら、指定団体制度の廃止と、「いいとこどり」に繋がることもある部分委託の制度的解禁は、これまで疑うことのなった他の共販加入者に対する酪農家の信頼や期待を損なったのは確かであろう。「いいとこどり」を行う酪農家に厳格なペナルティを課す全道ルールの導入は、その証左のひとつである。

　加えて、無視できないのが、「いいとこどり」イメージの"一人歩き"である。改正畜安法の「いいとこどり」防止ルールの禁止行為は極めて自己中心的で、共販参加の酪農家の反発を惹起するに十分である。しかし、実際の多くの系統外出荷者の行為はそういったものではない[16]。ここに問題がある。つまり、「いいとこどり」の理解には幅があり、最も狭義には「いいとこどり」防止ルールに記載の行為であるが、部分委託、あるいは系統外出荷自体を「いいとこどり」と感じる酪農家もいる。改正畜安法に至る改革の強圧的な完遂は、その農協排撃の意図が明確であったがゆえに、農協組織と酪農家の一部に系統外出荷に対する、その実態と乖離した恐怖心と反発を醸成するに至ったと思われる。一方、系統外出荷者は、改正畜安法を遵守しているにも関わらず、自身に向けられる批判に困惑し、反発を強めている場合も見られる。こういった酪農家間の相互不信の増幅は、需給緩和や関税削減・撤廃などの危機に対する酪農家の一致した行動を難しくし、酪農全体の利益を結果として損なう恐れがある。こういった相互不信の起点は、系統外出荷の行為自体ではなく、国家による新自由主義的改革にあった点を強調しておきたい。

6．生乳流通と農業政策における矛盾の深化

　2021年3月、生乳流通制度改革を検証する規制改革推進会議農林水産ワーキンググループの会議にて、生乳流通におけるホクレンのシェアは依然とし

て高く、それはホクレンの酪農家に対する支配力の現れで、この弊害を軽減するためにはホクレンの組織的「分割」もあり得る旨の発言があった。酪農家が主体的に農協出荷を選択することを想定しない暴論であるが、新自由主義の思想を典型的に表す発言といえる。

　新自由主義は、自由な市場競争が、社会における資源と所得の最も効率的かつ公平な分配を実現できる唯一の社会システムとみなすイデオロギーである。新自由主義的改革は、自由な市場競争以外の代替案がない。現状を踏まえない「改革」であるため、問題は一向に解決されず、いっそう深刻化していく。新自由主義の見地からは、問題の深刻化は市場競争の不十分さが原因と認識され、不毛な「改革」が永続化することになる[17]。

　本章では、農業政策の結果として生じている生乳流通の矛盾の深化を論じたが、それに留まらず、農業政策自体の矛盾も深まっている。とくに、生乳流通制度改革は、農政を担う農林水産省ではなく、首相官邸を起点としたため、改革の弊害が顕著である。現在、政府は、新型コロナ危機による未曾有の需給緩和への対策を行っているものの、系統農協の需給調整に依存した対策が専らである。その一方で、生乳流通制度改革は系統農協の需給調整能力を弱め、自らの需給緩和対策の実効性を脅かしている。農業政策が無力化していけば農政への信頼はさらに失われ、それはむしろ、新自由主義的改革をさらに加速させる。この間の酪農乳業の混迷は、国家の政策自体が日本の農業・食料供給の持続可能性に対する重大なリスク要素となっている点を浮き彫りにした。新自由主義と決別する農業政策の転換が求められている。

（原稿執筆時：2021年9月）

付記
　本稿は、JSPS科研費17K07961、18H02285に基づく研究成果の一部である。

注
1 ）本稿は、清水池（2021c）をベースに大幅に加筆・修正した。
2 ）このような特徴を持つ農業政策の成立は、世界的な傾向であった。レギュラ

シオン理論は、第二次世界大戦後から1970年代までの蓄積体制を「フォーディズム」(Fordism) と呼称し、その独占的・統制的な調整様式を特徴として指摘する（ボワイエ2019，pp.99-101）。同理論の影響を色濃く受けるフード・レジーム論は、フォーディズムに該当する時期を「第2次フード・レジーム」と規定し、覇権国家であるアメリカで成立した統制的な農業政策が、国際的な政治経済体制を通じて他の資本制諸国家の農業政策へ「複製」されたとする（フリードマン　2006、磯田　2019）。

3）暫定措置法成立の背景やその歴史的変遷の詳細は、清水池（2019）を参照。

4）国家貿易制度では、政府が輸入数量・時期・製品種類などを決定し、通常より低い関税が適用される。

5）これら生産減少額の品目別農業産出額（農林水産省「生産農業所得統計」、2019年）に対する比率をみると、生乳で2％〜4％、牛肉で5％〜10％、豚肉で2％〜4％で、牛肉への影響が相対的に大きい。

6）2017年度の補給金制度改定の背景や意味は、清水池（2017b）を参照。2001年度から2016年度までの補給金単価の算定は、前年度単価を基準に生産費等の変動を加味して増減させる方式で、補給金単価は乳価の影響を受けなかった。2017年度以降は、生産費等の変動方式は同様だが、その基準単価は生産費と乳製品向け乳価との差額とされた。

7）指定団体発足当初は都道府県ごとに指定団体が指定されたが、生乳の広域流通の進展などを背景に、2000年に、北海道と沖縄を除く指定団体の広域合併が政府主導で進み、10団体まで集約された。

8）日本の農協法は、「専用契約」（＝全量出荷契約）の締結を生産者の任意とし、同契約の拒否を理由とする農協の事業利用拒否を禁じていた（高瀬　2020，pp.94-95）ため、法的な義務化はできなかったと思われる。

9）暫定措置法制定時の政府側の国会答弁でその点が語られている（全国酪農協会　2016，pp.64-66，pp.140-149）。

10）改正畜安法からの新しい要件としては、農林水産大臣に対する年間販売計画の提出・実績報告がある。年間販売計画には、月別の用途別（飲用向け、乳製品向け）の生乳販売予定数量などを記載し、政省令の定める基準に適合する必要がある。

11）この扱いは、系統農協組織と政府との政治的妥協の産物と理解できる。

12）条文では、改正畜安法施行規則にある「正当な理由」（後述のいわゆる「いいとこどり」防止ルール）以外の取引条件を義務としていないとなっている。施行規則を解説する生産局長通知（2017年10月27日付）には、全量委託を取引条件としてはならないと明確な記述がある。

13）荒川（2020）pp.22-35を参照。

14）北原（2017）は「フィクション化」と表現する。

15) 系統外出荷数量は、生乳生産量と指定事業者集乳量の差とした。都府県の系統外出荷率は6.5％（2020年度）で、北海道より高い。
16) 実際の系統外出荷者の実態や動機は、清水池（2021b）を参照。
17) 菊池（2016）は、日本は新自由主義後進国という一般的な認識とは異なり、イギリス・アメリカと比較して新自由主義的改革ではむしろ先行し、それゆえにその弊害をいち早く経験したという注目すべき指摘をしている。経済政策全般からの指摘だが、農業政策にも妥当すると思われる。

引用・参考文献

荒川隆（2020）『農業・農村政策の光と影―戸別所得補償から農協改革・生乳改革まで真の改革を求めて―』全国酪農協会.

Bonanno, A.（2018）"Best Practices: The Artificial Negativity of Agri-Food," in A. Bonanno and S. A. Wolf, eds., *Resistance to the Neoliberal Agri-Food Regime*, New York: Routledge, pp.35-49.

ボワイエ, R.（2019）『資本主義の政治経済学―調整と危機の理論―』（原田裕治訳）藤原書店.

フリードマン, H.（2006）『フード・レジーム―食料の政治経済学―』（渡辺雅男・記田路子訳）こぶし書房.

東山寛（2016）「TPPと農業」田代洋一編著『TPPと農林業・国民生活』筑波書房, pp.45-69.

磯田宏（2019）「新自由主義グローバリゼーションと国際農業食料諸関係再編」田代洋一・田畑保編著『食料・農業・農村の政策課題』筑波書房, pp.41-82.

菊池信輝(2016)『日本型新自由主義とは何か―占領期改革からアベノミクスまで―』岩波書店.

北原克宣（2017）「『制度としての農協』の終焉と転換」小林国之編著『北海道から農協改革を問う』筑波書房, pp.53-71.

Mann, S. and J. Dickinson（1978）"Obstacles to the Development of Capitalist Agriculture," *Journal of Peasant Studies* 5, pp.466-481.

Mirowski, P.（2014）*Never Let a Serious Crisis Go to Waste: How Neoliberalism Survived the Financial Meltdown*, London: Verso.

農林水産省（2017a）「TPPにおける重要5品目等の交渉結果」. https://www.maff.go.jp/j/kokusai/tpp/pdf/2-1_5hinmoku_kekka.pdf（2021年8月26日参照）.

農林水産省（2017b）「日EU・EPAにおける農林水産物の交渉結果概要①（EUからの輸入）」. https://www.maff.go.jp/j/kokusai/renkei/fta_kanren/f_eu/attach/pdf/index-53.pdf（2021年8月26日参照）.

農林水産省（2019a）「日米貿易協定における農林水産品関連合意の概要」. https://www.maff.go.jp/j/kokusai/tag/attach/pdf/index-31.pdf（2021年8月26日参照）.

農林水産省（2019b）「農林水産物の生産額への影響について（日米貿易協定及び
　　TPP11）」. https://www.maff.go.jp/j/kanbo/tag/attach/pdf/index-6.pdf（2021
　　年8月26日参照）.

農林水産省（2020）「総合的なTPP等関連政策大綱に基づく農林水産分野の対策」.
　　https://www.maff.go.jp/j/kanbo/tpp/attach/pdf/index-41.pdf（2021年8月26日
　　参照）.

太田原高昭（2016）『新　明日の農協─歴史と現場から─』農文協.

清水池義治（2015）『増補版：生乳流通と乳業─原料乳市場構造の変化メカニズム─』
　　デーリィマン社.

清水池義治（2017a）「TPP『大筋合意』内容にもとづく関税障壁の変化が日本の
　　酪農乳業に及ぼす影響に関する研究」乳の学術連合社会文化ネットワーク2016
　　年度委託研究報告書. https://researchmap.jp/smzike/misc/33455450.

清水池義治（2017b）「加工原料乳補給金制度の改定要因─現行の『固定払い』方
　　式の評価を通じて─」『農業市場研究』26（3），pp.43-53.

清水池義治（2018）「指定団体制度下の生乳流通による市場成果と今後の可能性─
　　北海道を対象に─」『フロンティア農業経済研究』20（2），pp.6-18.

清水池義治（2019）「日本の酪農に係る政策・経済と酪農の変遷」『農村計画学会誌』
　　38（2）：104-107. https://doi.org/10.2750/arp.38.104.

清水池義治（2020）「メガ経済連携協定（EPA）の現況と求められる酪農政策」『牧
　　草と園芸』68（1）：1-6. https://www.snowseed.co.jp/wp/wp-content/uploads/
　　grass/202001_03.pdf.

清水池義治（2021a）「新型コロナウイルス感染症（COVID-19）危機の酪農乳業へ
　　の影響と需給調整システム」『フードシステム研究』28（3），pp.172-185.

清水池義治（2021b）「改正畜安法下の生乳流通から見えてきたこと─北海道から
　　の視点─」『農村と都市をむすぶ』71（2），pp.43-51.

清水池義治（2021c）「日本酪農における新自由主義的改革─北海道酪農への影響
　　から─」『経済』313，pp.128-136.

高瀬雅男（2020）「日米の排他的販売契約と競争法」『行政社会論集』32（4），
　　pp.65-141.

田代洋一（2019）「平成期の農政」田代洋一・田畑保編著『食料・農業・農村の政
　　策課題』筑波書房，pp.261-322.

全国酪農協会（2016）『復刻版　新乳価制度国会問答集』酪農乳業速報.

（清水池義治）

第9章

2010年前後からの水産物流通・消費政策の展開と特徴

1．転換期の漁業・漁村

　2018年12月に約70年ぶりといわれる漁業法改正が行われ、2020年12月から施行されている。これは、漁業関係者に具体的な法律案をぎりぎりまで明かさないまま国会に提出され、わずかな時間の審議を経て12月8日に成立したものである[1]。今回の改正では、「一部を改正」とされているが、新法といっても過言ではないほどの大幅改正が行われたと多方面から指摘されている。「企業参入促進を目指し、水産業を成長産業にする」という政権の大目標に向かって行われたこの法改正によって、日本の漁業と漁村は今、まさに大きな転換期を迎えているところである。

　基本的に、日本の漁業・漁村の特徴として挙げられるのは、津々浦々で多種多様な水産物が水揚げされ、小規模経営体が多く、地域の環境や地先資源にあわせた漁具・漁法を使いながら、自主的な「資源管理型漁業」によって漁業を持続させてきたことである。各地の漁業は地域の経済や文化・伝統と深く結びついて発展してきたため、食料供給産業だけでなく、むしろ地域産業としての意味合いも強く、経済的に評価されない多面的機能も重要であり、単なる経営の論理だけで評価できないものである[2]。また、各漁村に存在する漁協の多くは、現在でも地域の重要な組織として機能している。

　しかし、今回の法改正では、こうしたすべての特徴を否定あるいは無視して打ち出されたものとなっている。たとえば、水産庁はこれまで一定評価してきた漁業者たちの自主的な「資源管理型漁業」を脇におき、一方的なTAC（漁獲可能量制度）やIQ（船舶ごとに漁獲可能量の範囲内で水産資源の採捕をすることができる量を割り当てる個別割当）方式の導入を行うこととしている[3]。しかし、単一魚種を単一漁業で採捕する場合には向いているが、日本のように多種多様な魚種を多種多様な漁業で漁獲する場合には向かない管理方法であることが多方面で指摘されている[4]。また、漁業の大規模化、効率化、企業化を進め、漁業者の数を減らし一部の大規模な経営体のみを残す方向性が示されていることも指摘されている。

　では、こうした一連の「水産政策の改革」[5]の中にある流通に関する個所はどうなっているのかをみてみると、「輸出を視野に入れて、品質面・コスト面などで競争力のある流通構造を確立するとともに、違法に採捕された水産物[6]の流通防止を目的とする「水産流通適正化法」[7]」を通じて、「流通コストの削減や適正な魚価の形成により、漁業者の手取りが向上」することを目的としている。中でも、日本が本格的な人口減少時代を迎えたことをふまえて、拡大する海外マーケットを視野に入れて、産地市場の統合などにより品質面・コスト面などで競争力のある流通構造を確立することが重要であるとされている[8]。全体として、水産業の成長産業化のために輸出を強く位置付けるという、従来からの路線と大きな変わりはなく、大半の漁業者には無縁な輸出のための基準を施策の柱として、流通インフラの大規模産地への集約化を目指す目的が強く押し出されたものである[9]。

　以上をふまえ、本章では、本巻の目的である2010年代前後以降の水産物流通・消費に関する政策の内容と特徴をいくつか挙げ、今回の「水産政策の改革」とどのように接続しているのかをみることで、これからの食料・農業（水産業）市場を展望する。

2．2010年代前後以降の水産流通・消費に関する政策と特徴

　2010年ごろから漁業法改正前までの水産物流通に関する政策の特徴の一つとして挙げられるのは、輸出促進策を強める一方で、水産物流通の仕組みから生まれる「雑魚扱い」の水産物があることを国が認識し、それを有効に流通させる仕組みを作ろうとした点にある。その代表的な取り組みである国産水産物流通促進事業を取り上げ、その特徴をみてみる。

（1）国産水産物流通促進事業

1）増加する「雑魚扱い」と「買い負け」への危惧

　国産水産物流通促進事業は2013年に出されたが、それまでの水産物流通に関する政策は、国が水産白書で述べているように、①スーパーによる四定条件や輸入水産物の増加によって、水揚げ量が増加すれば魚価は下落し、水揚げ量が減少すると魚価が上昇するという基本的な傾向が見られなくなり、水揚げ量が減少しても魚価の大きな上昇がみられなくなっていること、②消費者の中で「低価格志向」や「簡便化志向」が高まっていることから、マグロやサケといった「少品目・通年・冷凍・切り身」の消費へ変化したことにより、日本で漁獲される多種多様な水産物の消費量が減少しているという問題意識から[10]、電子商取引による機能的な統合を含む産地市場の統廃合や産地市場と消費地市場との垂直統合、買受人の新規参入による市場運営の改善、高度衛生管理に対応した流通施設の重点的整備などという従来からの方法によって、産地における販売力の強化を目指そうとしてきた。

　一方で、国は、たとえば2009年の水産白書で、水産物の流通過程において、魚体サイズが不揃いであったり、漁獲量が少なくロットがまとまらないなどの理由から、非食用に回されたり、低い価格でしか評価されない「雑魚扱い」の魚が多く存在していることに注目し、それらを有効活用する必要があると指摘するようになった。加えて、世界的に高まる水産物需要によって、水産

物の国際価格が上昇し、日本の輸入業者が価格競争についていけず、他国に水産物をとられてしまう、いわゆる「買い負け」現象もみられるようになっていた。そうしたことから、今後ますます世界的に水産物の奪い合いが起こる恐れがあることから、日本で水揚げされる水産物を「雑魚扱い」も含め、安定的に供給できる体制を構築しようとしてきたものとみられる。

2）国産水産物の利用促進

　こうした流れから、国は2013年に国産水産物流通促進事業として、「水産物流通の目詰まりを解消し、国産水産物の流通を促進することが急務」となっているとして、「国産水産物流通の川上（産地）から川下（消費地）までをソフト・ハード両面で総合的に支援」[11]し始めた。

　2013～2017年までの当プロジェクトでは、川上（産地）側では「雑魚扱い」となる魚や大漁のため値崩れしてしまうような魚がある一方で、川下（消費地）側ではそうした魚の需要があるが届いていないという実情を「川上と川下の流通目詰まり」と捉え、事業実施主体となる国産水産物流通促進センターが販売ニーズや産地情報などの共有化や、流通の各段階への個別指導、加工機器整備などの支援を実施するものである。具体的には、スーパーなどが地魚などを新たに取り扱う場合に販売のプロ（仲卸業者など）を派遣するスーパーなどでの店頭学習会や、定量・定質などの問題から実需者ニーズに合わず流通に乗らない、あるいは流通しても「食べやすさ」や「鮮度」などが消費者ニーズに合わず十分な量が消費されない、もしくは価値に見合った価格がつかないような国内で水揚げされた水産物を利用するための新規性、先進性のある取り組みについて、実施に必要な加工機器などの導入費、販促資材などの購入費および加工・運送経費について1/2を上限に助成するというものなどがある。

　2013年からスタートした本事業には2017年12月までにのべ402件の応募があり、「新規目詰まり解消プロジェクト」として131件が採択された。

　この中で、たとえば山口県漁業協同組合は、地域の買い物困難者のために

移動販売車を稼働させ「目詰まりを解消」しようと当該プロジェクトを実施した(2017年時点)。2002年に山口県萩市内の7つの産地市場を統合した結果、産地の仲買人が激減したことで小売業者の廃業も進み、地元消費者、中でもとくに車を運転できない高齢者にとっては、地域にある魚屋までの店舗にすら行くことが困難となり、地元の水産物を購入する機会が激減している。このように、産地であるにも関わらず地元の魚が流通しないという問題への対応として、漁協が移動販売車を導入して地域で移動販売する事例である。こうした事例は漁村や中山間地域における買い物難民対策として、そして地域の水産物と消費者の接点を創り出そうとする取り組みで評価できるものであった（ただし、現在は採算が合わないなどの理由から当事業から撤退している）。このように、2013年度当初は水産物流通の目詰まりを解消するための幅広い範囲での事業が可能であり、国産水産物流通促進事業は生産者サイド（漁協）が抱える流通とくらしの課題に応えようとするきっかけづくりとして寄与していた[12]。しかし、国産水産物の消費拡大を図る取り組みを支援するという基本的な理念は変わらないとしつつも、2018年度に「水産加工・流通構造改善促進事業」へとリニューアルされ、資源が減少している魚種から新たな魚種に取り組む「漁獲量が減少し入手困難な魚種から、漁獲量が豊富な魚種等新たな魚種に加工原料を転換する取り組み」（魚種転換プロジェクト）、製品などの新規性を求め、複数の者が連携して取り組む「漁業者団体・流通業者・加工業者等が連携して国産原料の確保等の課題に取り組む」（連携プロジェクト）、輸出促進を目指す「漁業者団体・流通業者・加工業者等が国産水産物の輸出に取り組む」（輸出促進プロジェクト）を支援するというように、支援内容がより具体的になる一方、実施可能な範囲は狭まったものとなった。

（2）「魚離れ」への危惧と水産物消費政策

つぎに水産物消費に関わる政策をみてみる。

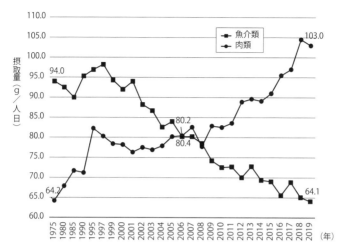

図9-1　魚介類と肉類の1人1日当たり摂取量の推移
資料：「国民健康・栄養調査報告」より作成。

1）「魚離れ」の状況

　2010年前後以降の水産流通政策の特徴の1つとして、「魚離れ」への危惧が強く表れたものとなっていることが挙げられる。「魚離れ」は1980年代から指摘されていたが、それは主に若年層の「魚離れ」であり[13]、当時は「高齢化は水産物消費においてむしろ有利に働く」[14]とみられていた。しかし、2000年代に入り、こうした加齢効果（年齢が増すことによる購入増）が低下してきていることが指摘されるようになり[15]、2006年の水産白書でも「急速に進む「魚食離れ」～魚食大国に翳り～」が特集され、その中で「若年層に限らず中高年層も「魚離れ」」と指摘するなど、国としても全世代における「魚離れ」が強く意識されるようになった。実際に、魚介類と肉類の1人1日当たり摂取量の推移をみてみると、2006年に肉類と魚介類の摂取量が逆転してからは、その差も広がりつつある（**図9-1**）。

2）「浜と食卓の結びつきの強化」の整合性

　こうした中、消費者に水産物消費を促す施策として、2012年8月から2021年9月まで「魚の国のしあわせ」プロジェクトが実施されていた。このプロジェクトは、「周囲を海に囲まれ、多様な水産物に恵まれた日本に生活する幸せを、5つのコンセプト（味わう、感じる、楽しむ、暮らす・働く、出会う）に基づき、国民の皆様に実感していただくため、生産者、水産関係団体、流通小売業者や各種メーカー、教育関係者、行政等、水産物に関わる方々が一体となって進めていく取り組み」[16)] としていた。このプロジェクトでは「Fast Fish（ファストフィッシュ）」や学校教育などを通じた魚食普及の支援などが行われていた。このうちの中心となっていたファストフィッシュについてみてみる。ファストフィッシュは、手軽・気軽においしく、水産物を食べることおよびそれを可能にする商品や食べ方のことで、今後の普及の可能性を有し、水産物の消費拡大に資するものをファストフィッシュと認定してきた。2021年7月時点で合計23回の選定が行われ、認定された企業数はのべ721社、商品数は3,375にも昇っている[17)]。しかし、消費者に対する認知度が低く商品アピールにつながらない、ロゴ自体の貼付にも手間やコストがかかる上、効果が低いといった課題が指摘されており[18)]、国による肝入りの水産物消費政策であったが、10年を迎えて終了することとなった。今後は、水産物消費拡大に向け、推進体制の司令塔としての機能の一元化を図るために、水産物消費拡大実行計画会議を立ち上げ、官民協同で戦略的に水産物の消費拡大施策を展開するという。

　政策改革のグランドデザインである農林水産業・地域の活力創造本部の「農林水産業・地域の活力創造プラン」の中にも、「浜と食卓の結びつきの強化」が挙げられている。「浜と食卓」という言葉からは日本の浜、つまり日本で水揚げされる魚と食卓を結びつけるという意味だと受け取れる。しかし、たとえばファストフィッシュに認定されていた商品の多くは、イオントップバリュ（株）、ローソンなどの大手小売業者やマルハニチロ（株）、日本水産（株）などの大手水産会社などの商品も多く、そのほとんどの主原材料産地が海外

産となっていた。消費者が魚を食べてくれれば、それが国産だろうが海外産
だろうが関係ないということなのだろうか。そうなると、「浜と食卓の結び
つきの強化」という命題には応えられない。しかし、国産魚を使うとなると、
ファストフィッシュが目指すような「日常の食生活において、反復継続して
購入することが可能となる手頃な価格帯であるもの」という目的を果たす「安
い価格帯の商品」となると可能な限り原材料費は抑えねばならなくなる。そ
うなるとやはり大規模化、効率化を可能とする上記のようなグローバル企業
の商品が選ばれやすいということになる。今後、日本の水産業全体を展望し
ながら水産物消費政策を展開していくには、単に水産物の消費を増やすこと
を目的とするのではなく、国産魚を消費者に食べてもらうための手段と捉え、
それを明確に位置付けた水産物消費政策を立案、運用していく必要があると
思われる。

（3）水産物輸出政策

　つぎに国が力を入れている輸出政策についてみていく。

1）水産物輸出の動向と課題

　既述のように、漁業法改正によってIQ制度を大臣許可漁業を始めとして
準備が整ったものから順次導入することになっている[19]。つまり、水揚げで
きる漁獲量が厳格に管理されるので、漁業経営を考えていく上では、量を増
やすのではなく、収入を増大させるしかない。そのためには価格の向上を
図る以外にはなく、縮小する国内市場よりも海外市場に活路を見出そうとす
る[20]。水産物輸出も、農産物輸出政策の動きと連動し、強い政策の後押しを
受けて輸出を伸ばしてきた。農林水産省食料産業局『2020年の農林水産物・
食品の輸出実績の概要』[21] によると、農林水産物・食品の輸出額は9,223億
円で、8年連続で過去最高額を更新している。このうち水産物は2,277億円
となっている。水産物も政府の輸出促進策などを背景に堅調な動きをみせて
きたが、前年2019年からは減少している。主な輸出品目は、ホタテガイ、サ

バ、カツオ・マグロ類、ナマコ調製品、ブリ、練り製品、イワシ、真珠で、この上位8品目で約60％を、輸出相手国・地域は香港、中国、米国、タイ、台湾、ベトナム、韓国の7か国・地域で80％以上を占めている（2020年）。

　これらの水産物をみてみると、北海道や青森のホタテガイ、大中型まき網で水揚げされるサバ、養殖ブリなど、特定の魚種や漁業種類、産地によるものとなっていることがわかる。とくに養殖ブリは、漁業法改正の中で強く後押しされている養殖業であることも相まって、農林水産物輸出政策の中でも重点品目と位置付けられている[22]。つまり、水産物輸出政策は、特定の漁業経営体には大きなメリットがあるものの、ほとんどの漁業経営体には無縁のものであるといえる。

　また、水産物輸出を促進するための戦略として、日本の食文化と合わせて推進していく提案も多くみられる。海外での日本食ブームが注目されており、日本でおいしい寿司や日本食を食べて帰国した外国人が、現地で日本食を食べられるように輸出をしていくというプロモーションの強化を推進しようとするものである[23]。しかし、これについても必ずしも効果を得られるとは限らない。確かに日本食レストランはアジアに限らず北米やヨーロッパなども含めて世界中で増えているようである[24]。しかし、全体として諸外国では、日本人が経営している日本食レストランは減り、中国系や韓国系などのアジア系の人たちが日本食レストランを経営するケースが増えている。そうなると、そこで扱われる食材は彼らの流通ネットワークから調達されるため、日本食レストランを経営していても、彼らにとっては必ずしも日本の食材にこだわる必要がないのだという。また、日本人が経営する店舗はどうしても価格面で高くなるが、これまでは、日本人駐在員などによって支えられていた部分がある。しかし日本人駐在員も減少傾向にある中で、低価格で勝負する傾向のあるアジア人系の店舗にはどうしても負けてしまうということである[25]。こうした中で、日本の食文化とあわせて展開する輸出政策がどこまで展開できるかは不透明である。

２）認証制度

　漁業法改正では、輸出のための認証基準も施策の柱とされている。認証制度は、生産者（漁業者や農家）が環境に配慮した方法で水産物や農産物を生産する。その商品を市場で流通させることで、消費者は環境に配慮した製品を購買することが可能となる。また、購買を通じて消費者は生産者の環境保全行動を応援することになり、経済の循環もよくなると考えられていて[26]、水産物の認証制度である水産エコラベルを活用する動きが世界的に広がりつつある。世界には140以上もの水産エコラベル認証スキームが存在するといわれ[27]、それぞれの水産エコラベルごとに運営主体が存在する[28]。日本国内では、主に一般社団法人マリン・エコラベル・ジャパン協議会による漁業と養殖業を対象としたMEL（Marine Eco-Label Japan）、英国に本部を置く海洋管理協議会による漁業を対象としたMSC（Marine Stewardship Council）、オランダに本部を置く水産養殖管理協議会による養殖業を対象としたASC（Aquaculture Stewardship Council）などの水産エコラベル認証が主に活用されている。MEL認証を受けているのは、2021年8月23日現在で漁業認証11件、養殖認証49件、流通・加工段階認証78件の合計138件となっている[29]。

　2013年には、持続可能な水産物の国際的なプラットホームとして、GSSI（Global Sustainable Seafood Initiative世界水産物持続可能性イニシアティブ）が誕生した。GSSIは、持続可能な水産物の普及を目的として、水産エコラベル認証スキームの信頼性確保と普及・改善に取り組んでいる民間の機関である。運営にはFAOや非政府組織、政府機関などが参加していることが特徴である。2019年6月時点で、世界15か国以上80の会員企業と13の提携機関によって構成されており、日本からも5社が参加している。具体的な活動としては、FAOのガイドラインをもとに、より詳細な基準を定め、その基準に適合した水産エコラベル認証スキームを承認するなどの取組をおこなっている。世界の流通加工業界では、大手の事業者ほど、GSSI承認の水産エコラベル認証の取得を水産物の調達基準として掲げており、GSSIより承

認された認証スキームは国際的な商取引の目印の1つとなっている[30]。

　しかしここにおいてもまた、いくつもの懸念が指摘されている。それは、エコラベルの取得においては、申請者の人的・金銭的負担が大きいので、結局大規模な事業者しか取得できないこと、そしてこのため認証基準を満たす資格があったとしてもその負担に耐えられず、エコラベルを取得できない小規模・零細漁業者の生産物は売り場から排除される可能性があること、消費者が「エコな」商品を購入することが、零細漁業の売り上げを減らし、それで支えられて来た地域の文化や伝統の継承を困難にし、社会の多様性を喪失させていることにつながる可能性があることなどである[31]。

　以上から、水産物流通政策については、大半の漁業者には無縁な輸出のための認証基準を施策の柱とするとともに、流通インフラの大規模産地への集約化をめざし、地元のマーケットとの結びつきの強い生業的漁業経営に対しても認証制度を画一的に実施すれば、無用なコストを迫られることになり、地元漁業に役立っている多くの小規模漁港などへの施策が放置されかねない状態となっているのである[32]。

3．わが国の食料・農業（水産業）市場からの課題と展望

　2010年前後からの水産物流通・消費政策のうちのいくつかを取り上げ、それらが2018年の漁業法改正の動きとどのように接続しているのかをみてきた。

　全体としていえることは、水産物の流通・消費政策についても「新自由主義」を掲げた規制改革推進会議が提起する成長産業路線の流れに乗っており、輸出振興や6次産業化、スマート水産業など外部企業や末端資本などが水産物流通でも活躍しやすい環境づくりを狙ったものであるといえる。実際、市場外流通に拍車をかけているのは、多くがICT（情報通信技術）を駆使するスタートアップ企業である[33]。また、令和2年度水産白書では「マーケットインの発想で水産業の成長産業化を目指す」が特集されているが、ここでキーワードとなっているマーケットインという用語は、「顧客が望むものを作

って提供する」や「顕在化したニーズに対応する」という意味で使われるが、ややもすると「売れるものだけが良いもの」といった短絡的な見方の元凶になりかねない[34]。冒頭に述べたように、日本では、多種多様な水産物が水揚げされているため、国が掲げるような「マーケットインの発想」から零れ落ちるものがほとんどである。しかし、そうした水産物を消費することを嗜好する消費者たちが日本各地に存在し、日本の水産業を支えてきた。だが、現在の国の施策からはそうした消費者たちさえも零れ落ちているのである。

　「水産業の成長産業化」を掲げる政府によって、漁業の大規模化、効率化、企業化が今後ますます推し進められると思われる。それとあわせて、漁業者の数を減らす施策もとられるだろう[35]。同時に、多種多様な水産物を嗜好する消費者も減り、企業にとって儲かる少数の魚種のみが売られることになるだろう。2010年前後に各浜で水揚げされる多種多様な水産物を流通させる取り組みがとられたが、そういった支援が今後、後退していく可能性はある。こうした国産水産物を積極的に扱っていこうとする水産物流通政策がどれほど保持できるのか、踏ん張れるのか、強い関心を持ってみていく必要がある。「企業参入促進を目指し、水産業を成長産業にする」という政権の大目標に向かって行われた今回の法改正は、日本の漁業と漁村だけでなく、豊かな魚食文化を育んできた消費者にとっても大きな転換期を迎えている。

注

1）田中2019，pp.17-18.
2）佐野2008，p.9.
3）片山2019，p.5.
4）それぞれの管理区分において水産資源を採捕しようとする者に対し、船舶ごとに当該管理区分に係る漁獲可能量の範囲内で水産資源の採捕をすることができる数量を割り当てる「漁獲割り当て」が個別割当IQのことである（片山2019，p.5）。「漁獲可能量による管理」は単一魚種を単一漁業で採捕する場合には向いているが、日本のように多数の魚種を多数の漁業で漁獲する場合には向いていない管理方法であると指摘されている（田中2020，p.19）。
5）水産庁資料（2021），p.5.
6）日本市場にIUU漁業によって水揚げされた水産物が流入している可能性があ

ると国際的に指摘されている。IUU漁業とは、Illegal fishing（違法漁業）、Unreported fishing（無報告漁業）、Unregulated fishing（無規制漁業）のことである（水産庁資料2019）。

7）「特定水産動植物等の国内流通の適正化等に関する法律」は2020年12月11日公布された。国内における違法漁獲物の流通防止の規制やIUU漁獲物の流入防止のための輸入の規制が行われ、大幅に厳罰が強化されることとなった。

8）長谷（2020），p.6.

9）漁業経済学会「水産庁の漁業制度改訂提案に反対する―漁業経済研究者の声明―」『漁業と漁協』2018年6月p.39

10）水産庁（2008），pp.14-20.

11）国産水産物流通促進センター（2018a），p.1.

12）国産水産物流通促進センター（2018）b.

13）長谷川（1980）.

14）小野（1999）.

15）秋谷（2006）.

16）水産庁HP.

17）「魚の国のしあわせ」プロジェクト事務局（2021）.

18）「魚の国のしあわせ」プロジェクト事務局，前掲書.

19）水産庁資料（2020）.

20）一般財団法人東京水産振興会（2019），p.91.

21）農林水産省食料産業局（2021）.

22）農林水産省（2021）.

23）一般財団法人東京水産振興会，前掲書，pp.98-99.

24）少し古いが、農林水産省（2006）などの資料がある。

25）このあたりの情報は、デンマークにある水産品買付・輸入販売を行うN社へのインタビュー調査による（OECD（国連経済協力開発機構）Co-operative Research Programme（共同研究プログラム）の一環で2018年8月25日に実施した）。

26）石原（2019），pp.37-38.

27）浜辺（2019），pp.7-8.

28）水産庁（2020），pp.20-21.

29）マリン・エコラベル・ジャパン協議会HP.

30）浜辺，前掲書，pp.7-8.

31）佐藤（2019），p.15.

32）加瀬（2019），pp.1-2.

33）金子（2020），p.31.

34）川島（2018），p.11.

35）新美（2019），p.31.

引用・参考文献

秋谷重男（2006）『日本人は魚を食べているか』漁協経営センター.

漁業経済学会（2018）「水産庁の漁業制度改訂提案に反対する─漁業経済研究者の声明─」『漁業と漁協』6 月号，漁協経営センター，p.39.

浜辺隆博（2019）「水産エコラベルをめぐる動きについて」『漁業と漁協』10月号，漁協経営センター，pp.4-8.

長谷川彰（1980）「水産物消費の構造」川崎健・河端俊治・長谷川彰編『魚─その資源・利用・経済』恒星社厚生閣，pp.113-132.

長谷成人（2020）「水産政策の改革について」八木信行編『水産改革と魚食の未来』恒星社厚生閣，pp.1-11.

一般財団法人東京水産振興会（2019）『我が国の水産物輸出に関する取組の現状と課題報告書』.

石原広恵（2019）「認証制度の仕組みとその歴史的な背景」『アクアネット』1 月号，湊文社，pp.36-41.

金子弘道（2020）「水産業の流通革命」『漁業と漁協』1 月号，漁協経営センター，p.31.

加瀬和俊（2019）「漁業権制度改定案の批判的検討」『漁業経済研究』第62巻第 2 号・第63巻第 1 号合併号，pp.1-15. 片山知史（2019）「改正漁業法と数量管理」『漁業と漁協』12月号，漁協経営センター，pp.4-9.

片山知史（2019）「改正漁業法と数量管理」『漁業と漁協』12月号，漁協経営センター，pp.4-9.

川島卓（2018）「沿岸漁業と水産物流通」『漁業と漁協』11月号，漁協経営センター，pp.11-15.

国産水産物流通促進センター（2018）a「目詰まり解消の取組状況について」http://www.fish-jfrca.jp/suisan/docs/H30_torikumi.pdf（2021年 8 月31日アクセス）.

国産水産物流通促進センター（2018）b『平成29年度流通促進取組支援事業事例集報告書』http://www.fish-jfrca.jp/suisan/docs/jirei_report.pdf（2021年 8 月31日アクセス）.

マリン・エコラベル・ジャパン協議会HP　https://www.melj.jp/list（2021年 8 月31日アクセス）.

新美貴資（2019）「水産業への影響が重大なIQ方式」『漁業と漁協』3 月号，漁協経営センター　p.31.

農林水産省（2006）「海外における日本食レストランの現状について」https://www.maff.go.jp/j/shokusan/sanki/easia/e_sesaku/japanese_food/kaigi/01/

pdf/data3.pdf（2021年8月31日アクセス）.

農林水産省（2021）「農林水産物・食品の輸出拡大実行戦略について」https://
www.murc.jp/wp-content/uploads/2021/02/chiikiseminar15.pdf（2021年8月31
日アクセス）.

農林水産省食料産業局（2021）『2020年の農林水産物・食品の輸出実績の概要』
https://www.maff.go.jp/j/press/shokusan/service/attach/pdf/210205-1.pdf
（2021年9月18日アクセス）.

小野征一郎（1999）「水産物のフードシステム」小野征一郎編『水産物のフードシ
ステム』農林統計協会，pp.1-13.

「魚の国のしあわせ」プロジェクト事務局（2021）「魚の国のしあわせプロジェク
ト報告書」https://www.jfa.maff.go.jp/j/kikaku/attach/pdf/shiawase_sskg-21.
pdf，pp.1-12（2021年9月17日アクセス）.

佐野雅昭（2008）「日本の漁業構造」廣吉勝治・佐野雅昭編『ポイント整理で学ぶ
水産経済』北斗書房，pp.8-10.

佐藤力男（2019）「ワカメエコラベル取得までの取り組みと課題について」『漁業
と漁協』10月号，漁協経営センター，pp.9-15.

水産庁（2008）『平成20年度水産白書』，https://www.jfa.maff.go.jp/j/kikaku/
wpaper/h20/pdf/h_1_1_2.pdf（2022年2月18日アクセス）.

水産庁（2020）『令和2年度水産白書』.

水産庁資料（2019）「漁獲証明制度に関する現状と課題」file:///C:/Users/soejima/
Downloads/gyokakusyoumei-2.pdf，pp.1-10，（2022年2月17日アクセス）.

水産庁資料（2020）「新たな資源管理の推進にむけたロードマップ」https://www.
jfa.maff.go.jp/j/press/kanri/attach/pdf/200930-1.pdf（2022年2月18日アクセス）.

水産庁資料（2021）「水産政策の改革について」https://www.jfa.maff.go.jp/j/
kikaku/kaikaku/attach/pdf/suisankaikaku-40.pdf，pp.1-43.（2022年2月18日ア
クセス）.

水産庁HP「「魚の国のしあわせ」プロジェクトについて」https://www.jfa.maff.
go.jp/j/kikaku/sakanakuni.html（2021年8月31日アクセス）.

田中克哲（2019）「令和漁業法の概要」『漁業と漁協』9月号，漁協経営センター，
pp.17-19.

田中克哲（2020）「令和漁業法の概要」『漁業と漁協』1月号，漁協経営センター，
pp.18-21.

（副島久実）

第10章

卸売市場政策の変質と今後の卸売市場

1. 本章の課題

　近代以降、日本の生鮮食料品流通は1923年制定の中央卸売市場法から約100年にわたり卸売市場を中心に展開してきた。傷みやすく、規格化が困難な生鮮食料品を全国の産地から集め、迅速な取引を行い、都市住民に大量かつ安定的に供給するための流通の結節点である卸売市場は、機能面において社会全体の流通費の節約につながる一定の経済的合理性を持つ。これは「取引総数最少化の原理」によっても理論的に説明される（藤島　2011）。

　日本では、そうした経済的合理性をもった存在である生鮮食料品の卸売市場を法律によって制度化し、経済的合理性を超える機能と役割を付与してきた。中央卸売市場法廃止以後今日までつづく卸売市場法（1971年制定）は、経済社会の成長や変化に合わせ改定を繰り返してきたが、政府が計画整備して卸売市場を全国に配備するという仕組みは維持され、その仕組み（制度）によって卸売市場が公共インフラとして、生産・流通・消費の各段階にとって効果的に機能してきた。

　その卸売市場法が2018年に大きく改定された。この改定は、これまで生鮮食料品流通の要であった卸売市場の制度的、社会的位置づけを大きく変えるものとなった。これまで政府は生鮮食料品という日本国民に不可欠な商品の

取引の安定を目的に、卸売市場制度のグランドデザインや取引ルールを法で定め、公設の中央卸売市場を全国の主な都市（＝消費地）に配置してきた。今回の法改定により、取引上の制約や開設区域の設定といった競争を抑制する条文が削除され、市場開設者のあり方、開設者と市場内事業者の関係、取扱品目、取引ルール等、各市場に委ねられる部分が大きくなった。近年の新自由主義的経済政策と同様、卸売市場政策からも国の関与が大きく後退する流れにある。

　本章では、卸売市場政策のこれまでの変遷をふまえた上で、大きな政策的転換点となった2018年の卸売市場法の改定とそれによる卸売市場制度の変質を考察し、今後の卸売市場のあり方を展望する。

2．卸売市場に関連する法制度の変遷

（1）中央卸売市場法の成立

　小売、卸売を問わず生鮮食料品等の取引が物理的に集合する場所としての市場は、古くからまた世界各地に存在している。その中で卸売取引が集まる市場を制度として確立したのが1923年制定の中央卸売市場法である。

　中央卸売市場法には目的条文が設けられていない。しかし中央卸売市場法成立前後に出された政府文書から、その設立目的を理解することができる。1922年の中央市場設置要綱の中では、「一般生産者、販売者、商業補助機関経営者等が故意に物資の配給を抑制し価格を拘束することを困難にする」、「国民生活安定の一方法として物資の配給を円滑にするために公設市場の機能を十分に発揮する」と述べられている。また、1923年「第46回帝国議会衆議院議事速記録第13号」では、「日用必需品の配給機関の現状が不完全で、無用の浪費を要している。重要都市における配給機関の整備改善が必要」とある。このように、「前期的取引の一掃」「公的な配給機構の設立」「合理的な配給機構の設立」がその目的であったと考えられる。こうした流れに基づき、全国で公設小売市場の設立が広がったが、その公設小売市場の機能をよ

り発揮させるため、公設の卸売市場の設置が求められたのである（宮本・作道　1964、松浦　1972）。そこで規定された取引原則等の内容（セリ売り、手数料以外の報償の禁止、差別的取扱の禁止等）から、卸売市場制度の重要な意義として前期的商業から近代的商業への転換が強く意図されていたことがわかる。ただし、その初発は国が目的にそって新たに市場をつくるというものではなく、既存の全国の卸売市場のいくつかを「中央卸売市場」という形でオーソライズしていくというものであった。また、中央卸売市場法制定の過程で作られたいくつかの法案のうち、生産者の立場からその商品生産の発達を目的とした案や議論もあったが、その内容は直接的には反映されなかったことから、原田（2011）は、中央卸売市場法は生産者の利益を優先することを重視した法律ではなかったと評価している。

　中央卸売市場法は、第２次世界大戦後、1956年と1961年に大きな改定が行われている。その過程で、地方公共団体による開設、入札と例外的な相対取引、卸売業者の兼業等が追加された。

　当時の社会的状況を鑑みると、中央卸売市場に求められた都市への生鮮食料品供給という機能は、戦後の農地改革および農地法によって創出された多数の中小自作農にとっての公正な商品化過程の創出といった意味ももっており、なおかつ戦後の経済復興および成長過程にあった工業部門の低賃金を支える効率的な食料流通機構としての位置づけが与えられていた。この点は、1956年に追加された中央卸売市場の開設者を地方公共団体によると定めた条項と合わせ、中央卸売市場が単なる一流通機構の役割を超え、広く社会的公益性をもつものになっていったことがわかる。

（2）卸売市場法の制定とその意義

　1971年に制定された卸売市場法の目的は、「卸売市場の整備を計画的に促進するための措置、卸売市場の開設および卸売市場における卸売その他の取引に関する規制等について定めて、卸売市場の整備を促進し、及びその適正かつ健全な運営を確保することにより、生鮮食料品等の取引の適正化とその

生産及び流通の円滑化を図り、もって国民生活の安定に資すること」(第1条)
となっている。

　中央卸売市場法と比較した際の大きな違いの一つは、国民生活の安定のた
めの卸売市場を国が描くグランドデザインの下で各地に整備を促進すること
が強調された点である[1]。国が卸売市場の全国的な配置と整備を行うことに
より、生鮮食料品の全国的な分配システムが構築されることとなった。その
中で中央卸売市場以外の卸売市場（地方卸売市場）も計画的な整備対象とし
て卸売市場制度の中に包摂されることになった。

　この卸売市場法によって、卸売市場を核とした生鮮食料品の全国的な市場
体系（流通ネットワーク）の形成が促進された[2]。それは、農業基本法（1961
年）による農業生産の選択的拡大、生鮮食料品流通改善対策要綱（1963年）、
野菜生産出荷安定法（1966年）等の流通の大規模化を促進する政策的流れを
具体的な流通機構として支えるものとなった。卸売市場法は1999年と2004年
に大幅改定されているが、その際も目的条文の変更はなく、制度的枠組みと
しては、国が計画整備して卸売市場を全国に配備するという形がこれまでの
わが国の卸売市場制度の一つの特徴であったといえる。

（3）卸売市場制度と取引ルール

　一方、これまでの卸売市場法改定で変更を重ねてきたのは、主に取引ルー
ルと取引主体の経済活動に関わる部分である。卸売市場における取引主体で
ある卸売業者や仲卸業者は私的利益を追求する民間事業者である。実際の取
引が民間事業者によって行われているにも関わらず、卸売市場が公益的機構
として役割を果たしてきたのは、卸売市場法とその関連法令・規則によって
取引ルールや取引主体の経済活動に一定の規制を設けてきたという点による
ところが大きい。一方で、卸売流通部門における経済活動は生産部門や消費
部門の変化に大きな影響を受ける。そのため、高度経済成長期に制定された
卸売市場法に基づく取引原則を、時代とともに変化する生産や消費（あるい
は小売流通）に適合させていくことも求められてきた。その適合の過程と卸

売市場制度のもつ公益性は、多くの場合相克関係にあり、規制緩和の方向性や程度をめぐって様々な議論がなされてきた[3]。

　改めて卸売市場制度における原則的な取引ルールと公益性の関係について3つの点に注目して整理する。まず第1は取引方法の原則についてである。卸売市場制度といえば取引の公開性の高いせり売り[4]が原則というイメージがあるが、制度上せり売りだけが原則であったのは中央卸売市場法制定当初のみであり、戦後の同法改定および卸売市場法においては「せり売り又は入札」が長らく卸売市場における原則的な取引方法であった。これらはいずれも競売であるが、競売以外の取引方法である相対取引も、1961年の中央卸売市場法改定の際に施行規則により例外的に認められている。卸売市場法においては、その競売以外の取引方法が法律条文にも明記され、「一定の規格、貯蔵性を有しその供給が比較的安定している省令で定める品目」等特定物品と特別の事情がある場合については、例外的に競売以外の方法での取引が広く認められることとなった。1999年の卸売市場法改定においてせり売り原則はなくなったが、2018年改定までは取引予定数量、卸売数量、価格等を公表することを卸売市場法および施行規則で定めることにより、卸売市場における取引の公開性や公正性が担保されていた。2004年の卸売市場法改定では、卸売業者自らが取引方法ごとの取引数量と価格を公表することも法的に求められるようになった。実際の取引は、条件の異なる細分化された売買の集合体であり、公表された取引数量や価格が実際の取引を完全に反映したものであるとはいえない側面も否定できないが、買手売手にとって個々の取引の公正性を確認する一つの指標となる意義は大きかったといえる。

　第2は、集荷の原則についてである。中央卸売市場法および卸売市場法制定時の卸売業者に関わる条文として、「自己の計算による卸売の禁止」が定められた。ただし、卸売市場法制定時にもただし書き条文や施行規則において、契約取引が必要な場合や保管・貯蔵が必要な場合は買付を行うことも例外的に可能となっていた。それら例外も1999年の改定時にほぼすべて卸売市場法の中に組み込まれることとなり、委託集荷の原則は残したものの、実質

的には委託か買付かという制約はほとんどなく、2004年の改定でその原則も削除されている。委託集荷（出荷者側からは委託販売）については、出荷者（生産者）が価格を決めることができないという意味で、2018年卸売市場法改定に至る規制改革議論の中でも批判されていた点の一つである。しかし、委託集荷（販売）は、卸売業者の利益が手数料の中に押しとどめられているため、取引を仲介する卸売業者は自らの利益を高めようとすると、よりよい条件の買手を見つける努力をせざるを得ない。したがって、委託集荷（販売）は、委託した生産者や生産者組織にとって本来有利に働く仕組みなのである。

　第3は、卸売市場で取引を行う事業者が、誰に売るか、誰から買うかという点である。いわゆる卸売業者の第三者販売および仲卸業者の直荷引き問題であり、卸－仲卸の垣根問題といわれるものである。第三者販売とは、中央卸売市場における卸売業務として卸売業者が仲卸業者および売買参加者以外へ卸売を行うことであり、2018年改定前の卸売市場法においては原則禁止（「卸売の相手方の制限」第37条）とされていた。直荷引きとは、仲卸業者が中央卸売市場の業務として同じ中央卸売市場の卸売業者以外の者から買い入れて販売すること等であり、第三者販売と同様に2018年以前は原則禁止（「仲卸業者の業務の規制」第44条）されていた。しかし、法制定当初から施行規則によって残品問題等を理由とする例外は認められており、2004年の改定においては契約的な取引も例外として認められるようになり、以降は第三者販売、直荷引きの実質的な制約はかなり弱まっている現状があった。第三者販売や直荷引きの禁止といった制約は、経済機能に注目すると事業者の経済活動の制約として映るが、制度的観点からみると卸－仲卸の二段階制がもつ公共の利益に関する問題としてとらえることができる。前述の通り、卸売市場制度においては卸売業者の経済活動は委託集荷（販売）により生産者保護的に働くよう設計されてきた。一方、仲卸業者の経済活動は、目利き、品揃え、調整といった機能の発揮によって実需に対応し、川下にむけての量・価格・質の面での安定的な生鮮食料品の供給という消費者にとっては不可欠な役割を担っている。卸売業者と仲卸業者がそれぞれ出荷者と需要者から独立した

商業者として卸売市場における競売に参加するしくみも、卸売市場制度の公益性の一側面であったといえる。

3．2018年改定卸売市場法による卸売市場の位置づけの変化

　前節でみてきたとおり、これまでも法改定において取引面における事業者の経済活動に対する規制の緩和が行われてきたが、卸売市場法に「原則」条項を定めることそのものが、卸売市場に公的な位置づけ、制度的な役割を与えてきた。せり売り又は入札の方法や委託原則は2004年の改定によって卸売市場法条文からは削除となっていたが、卸－仲卸制度という中央卸売市場の特有の仕組みを維持するルールは維持されていた。こうした取引ルールを変更し、制度としての卸売市場が大きく転換したのが、2018年の卸売市場法の改定である。ここではその経緯と、法改定による制度変化の本質についてみていく。

（1）改定経緯と政治的背景

　2016年11月に自民党農林・食料調査会他政府与党の農業関係委員会およびプロジェクトチームが共同で提出した「農業競争力強化プログラム」、さらにその基となった未来投資会議・規制改革推進会議が2016年10月に公表した「総合的なTPP関連政策大綱に基づく『生産者の所得向上につながる生産資材価格形成の仕組みの見直し』及び『生産者が有利な条件で安定的に取引を行うことができる流通・加工の業界構造の確立』に向けた施策の具体化の方向」という方針以降、系統出荷と卸売市場取引を中心とする従来の農産物流通の大きな見直し（いわゆる「規制改革」）が本格化した。
　改革の目的は、2017年5月第193回国会（常会）において成立し8月1日に施行された農業競争力強化支援法第1条で述べられているように、わが国の農業が将来にわたって持続的に発展していくために、経済社会情勢の変化に対応して農業構造改革を推進すること、併せて農産物流通などの合理化の

実現を図るというものである。また、同法第13条では「国は、農産物流通等の合理化を実現するため、農業者または農業者団体による農産物の消費者への直接の販売を促進するための措置を講ずるものとする」と述べられている。すなわち、同法によって国が自ら中間流通を排除し農産物の直接販売を進めていくということを明示しており、卸売市場法の存在そのものと大きな矛盾を生み出して現在に至っている。また、2018年改定卸売市場法（以下、2018年改定法）の目的条文には「卸売市場が食品等の流通（中略）において生鮮食料品等の公正な取引の場として重要な役割を果たしていることに鑑み」という前書きが新たに追加されたが、この条文は卸売市場そのものあるいは卸売市場制度がこれまで果たしてきた役割を十分に評価したものとはいえない。

　その大きな根拠は、法改定に至るまでの政府における議論を従来の法案作成過程と比較した際の異質性である。2018年の法改定の議論は、農産物流通の研究者や市場関係者が排除された形で、なおかつ農林水産省という法の所管省庁ではなく官邸主導で行われた。この点について小暮（2018）が詳細に指摘しているとおり、まず「規制改革ありき」が前提であったことが明白である。2015年４月に農水省がまとめた「卸売市場流通の再構築に関する検討会」の報告書では、「卸売市場は、生産食料品等の国内流通における基幹的インフラとして、国民へ安定的かつ効率的に生鮮食料品等を供給する使命を有しており、今後とも、生鮮食料品等の流通における中核として健全に発展していくことが必要である。また、卸売市場に対して、産地からは安定的な販路として、小売店、外食、加工業者等の実需者からは主要な調達先として、その機能、役割を発揮することが期待されており、それらに引き続き応えていくことも重要である」（農林水産省　2015）と位置づけられ、これに基づき2016年１月に第10次卸売市場整備基本方針が策定された。しかし、この方針に反映された国民へ安定的かつ効率的に生鮮食料品等を届けるために卸売市場はどうあるべきかという議論は、同年９月、卸売市場や卸売市場法に対して「卸売市場は基本的には生鮮品を右から左に取引」「食料付則時代の公平分配機能の必要性は小さい」「種々のタイプが存在する物流拠点の一つ」

等の意見[5]が相次いだ第 1 回未来投資会議構造改革徹底推進会合「ローカルアベノミクスの深化」会合・第 2 回規制改革推進会議農業ワーキング・グループ合同会合で微塵も踏まえられていなかったことからも、卸売市場制度の本質的機能や歴史的役割を無視した議論の上に法改定が進められたことがわかる。こうした卸売市場や卸売市場制度への無理解や軽視については、小野（2017）、小野（2019）、市場流通ビジョンを考える会幹事会（2020）等も鋭く批判している。

　「規制改革」の議論の中で廃止も念頭に置かれていた卸売市場法であるが、最終的には追加された前述の前書きのとおり「公正な取引の場」という点にその意義を集約し、卸売市場の法的存立根拠としての役割を引き続き果たすこととなった。

（2）2018年改定法にみる卸売市場制度の変化の本質

　とはいえ、実際の2018年改定法の内容は従来の卸売市場法とは本質的に異なるものとなっている。改定前に83条あった条文数が、改定後19条と大幅に減少していることからも、従来法からの変化の大きさがわかる。

　その違いとは、第 1 に、卸売市場法そのものが卸売市場のための法律ではなく、多様な食品流通の関連法の一つとして位置づけられたという点である。今回の卸売市場法の改定は単なる単一の法改定ではなく、卸売市場法および食品流通構造改善促進法の一部を改正する法律として改定されている（食品流通構造改善促進法は改定後、食品等の流通の合理化及び取引の適正化に関する法律（以下、食品等流通法）に改称）。これは法改定の議論の途中まで、2 つの法律の統合が検討されていた流れの証左でもある。結果、食品等流通法において「食品等の流通」「食品等の流通の合理化」「食品等の取引の適正化」が定義され、卸売市場に関わる生鮮食料品等の流通もその範疇で規定されるものとなっている。

　第 2 に、食品等流通法と2018年改定法における「取引の公正」に関する記述の矛盾から、卸売市場法が将来廃止される可能性がうかがえる点である。

今回の法改定において最終的に卸売市場法は残ったが、その目的条文である第1条において、卸売市場は食品等流通法に定める食品等の流通において生鮮食料品等の公正な取引の場として重要な役割を果たしていることが与件として述べられている。ここには卸売市場の「公正性」に対する国の関与に関する従来法との違いが表れている。これまでは卸売市場法に定められた条文により公正な取引の場を国が作っていくことによって卸売市場の公正性、公益性を担保するというものであったのに対し、2018年改定法においては「卸売市場は公正な場」ということが前提とされ、そこでの具体的な取引ルールは開設者に委ねられ、国はそれを基本方針に沿っているかどうかを見極め認定するという構造になっている。こうした構造変化が条文数の大幅な削減に表れている。さらにその「公正性」についてみていくと、食品等流通法は「農林水産大臣は、食品等の取引に関し、不公正な取引方法に該当する事実があると思料するときは、公正取引委員会に対し、その事実を通知するものとする」（第29条）としている。すなわち、卸売市場に限らずすべての食品等の取引が公正であることが前提とされているのである。これは経済活動に対する政府の姿勢として当然のことではあるが、こうした前提に立てば、公正な取引の場として重要な役割を果たしているため法律によって基本方針やさまざまな措置を講じその運営を確保するという大義名分が卸売市場だけに与えられることに疑問が提示されるだろう。2018年改定法附則（平成30年6月22日法律第62号）抄第11条において、施行後5年（2025年）を目途として卸売市場法と食品等流通法の検討と見直しを行うことが改定時に明文化されていることからも、卸売市場法と食品等流通法の統合議論が今後進められる可能性は大きいと考える。

　2018年改定法においても、卸売市場が「生鮮食料品等の卸売のために開設される市場であって、卸売場、自動車駐車場その他の生鮮食料品等の取引及び荷さばきに必要な施設を設けて継続して開場されるもの」であり、そこで取り扱う生鮮食料品が「野菜、果実、魚類、肉類等の生鮮食料品その他一般消費者が日常生活の用に供する食料品及び花きその他一般消費者の日常生活

と密接な関係を有する農畜水産物で政令で定めるもの」とする定義は変わらなかったが、目的条文には上述の公正性を与件とする内容の他、以下の変更が加えられた。改定前ではこの法律が定めるものを「卸売市場の整備を計画的に促進するための措置、卸売市場の開設及び卸売市場における卸売その他の取引に関する規制等」とされていたものが、2018年改定法では「農林水産大臣が策定する基本方針」と「認定に関する措置」されたのである。

　このように、2018年改定法により、卸売市場は法律に基づき国が整備や配置を計画的に行い、生鮮食料品等取引の適切な競争環境を維持するルールをつくるといった「制度」的な性格が大きく後退し、あくまで多様な食品等の多様な流通チャネルの一つと位置づけられたといえる。

４．2018年改定法施行後の卸売市場

（1）卸売市場の認定状況

　これまで述べたように法改定によって制度としての枠組みや位置づけが大きく変わった卸売市場であるが、ここでは2018年改定法施行から１年後の2021年時点において、実際各市場においてどのような動きがみられるのかをみていく。

　2018年改定法の下、全国の中央卸売市場は開設者が改めて申請書を農林水産大臣に提出し、認定を受けることとなった。2020年６月21日の2018年改定法施行までに従前の40都市65市場のすべてが申請し、すべての市場が認定された[6]。開設区域に関する条文および開設の認可を受ける対象を地方公共団体等とする内容は2018年改定法において削除されたが、2021年８月現在、すべての中央卸売市場が公設となっている[7]。一方、地方卸売市場については認定申請を行わなかった市場もあり、改定前の1,009市場[8]が869市場[9]へと減少している（2021年３月現在）。**表10-1**に示す山口県を例にとると、地方卸売市場数全体は従前の６割以下まで減少し、とくに民間または協同組合が開設者となっていた小規模零細の産地市場が減少した。

表 10-1　山口県における卸売市場法改定前後の地方卸売市場数の変化

（単位：市場数、%）

部類別・開設者種別		第 10 次卸売市場 整備基本計画時	改定法 施行時	増減数	増減 割合
青果		15	8	−7	46.7
	公	5	4	−1	20.0
	民	6	1	−5	83.3
	協同組合	4	3	−1	25.0
水産		26	14	−12	46.2
	公	7	7	0	0.0
	民	5	2	−3	60.0
	協同組合	14	5	−9	64.3
花き		3	3	0	0.0
	公	1	1	0	0.0
	民	1	1	0	0.0
	協同組合	1	1	0	0.0
合計		44	25	−19	43.2
	公	13	12	−1	7.7
	民	12	4	8	66./
	協同組合	19	9	−10	52.6

資料：「山口県卸売市場整備計画」及び食料等流通合理化促進機構資料より作成

注：複数の部類の取扱がある市場はそれぞれを 1 市場と計算しているため県の合計市場数とは合計
　　数が異なる。

（2）中央卸売市場における新業務規程等の特徴

　2018年改定法において削除された条文の多くは卸売業者や仲卸業者および
売買取引に関するものであり、これらを各開設者が業務条例等において定め
ることとなった。そのため、卸売市場内で事業を行う事業者の許認可方法、
取引ルール等、各中央卸売市場によってさまざまなものとなっている。制約
的な取引ルールに関する温度差の他、市場内事業の許認可についても異なっ
た形態がみられる。その代表的なものとして、東京都中央卸売市場と京都市
中央卸売市場の法改定前後の条例の変化をみてみよう。

　事業者については、国による卸売業務を行う者の許可がなくなったため、
各開設者がそれぞれのルールを設けることとなった。東京都は卸売業務を行
う者に対して市場内の施設の使用に対して許可を与える形となったが、京都
市は従来国が行っていた許可ルールと同様に、市場で卸売業務を行う許可を
国に代わり開設者が出す形となった[10]。また、以前は両市場とも制約を設け

ていた卸売業者や仲卸業者の上限数について、東京都は撤廃したが、京都市
は維持している。以前は法に基づき両市場とも開設者の行う登録制であった
せり人も東京都は届出、京都は従前どおりとなった。その他取扱品目の部類
制の撤廃等、京都市と比較し東京都は大きく規制緩和を進めている。

　取引ルールについても細かな違いがみられる（**表10-2**）。2018年改定法の
認定に必要な業務条例等で定める事項として挙げられている項目である差別
的取扱いの禁止や受託拒否の禁止は内容的にほぼ同じである[11]。また、自己
買受の禁止、手数料以外の報酬についても制約的記述が削除された点は共通
であるが、第三者販売の禁止、直荷引きの禁止、手数料の取扱いについては、
従来ルールの維持（京都等）と規制撤廃（公表義務のみの場合もこちらに含
む）（東京等）というように、市場により異なったものとなっている。

（3）法改定による卸売市場取引および取引主体の性格変化

　市場による温度差の異なるこうした現状は、全国の中央卸売市場の新たな
業務条例等に広くみられる。これをふまえ2018年改定法下での卸売市場取引
および取引主体の性格変化の特徴は以下の3点に整理することができる。

　第1に、卸売業者の商業資本としての性格が委託売買資本から商品買取資
本的なものへと変質している点である。これは2004年の卸売市場法改定の際
に卸売業者の自己の計算による取扱物品の卸売の禁止に関する条文が削除さ
れた際からその傾向がみられたが、2018年改定法を機に行われた各市場の条
例改定によってさらに強まっている。

　第2に、卸売業者と仲卸業者の制度的な垣根はほぼなくなっているという
点である。京都市中央卸売市場のように、第三者販売と直荷引きの原則禁止
ルールを維持した市場は少数派であり、多くの市場が法的後ろ盾のない取引
ルールを業務条例等で設ける必要はないと判断している。

　こうした変化が果たして出荷者や卸売市場内の事業者にとって有益なもの
であるかどうかについては、改めて議論する必要があるだろう。上記2点は
第1節で述べた卸売市場制度の公益性と深く関わる部分である。さらに事業

表 10-2　2018 年卸売市場法改定にともなう東京都および京都市の条例における取引ルール等の変化

主な項目	改定前 卸売市場法	改定後 卸売市場法	東京都中央卸売市場条例 改定法施行前	東京都中央卸売市場条例 改定法認定時	京都市中央卸売市場業務条例 改定法施行前	京都市中央卸売市場業務条例 改定法認定時
差別的取り扱いの禁止	卸業者は、中央卸売市場における卸売の業務に関し、出荷者又は仲卸業者若しくは売買参加者に対して、不当に差別的な取扱いをしてはならない	開設者は、当該卸売市場の運営に関し、取引参加者に対して、不当に差別的な取扱いをしないこと。卸売業者は、出荷者又は仲卸業者その他の買受人に対して、不当に差別的な取扱いをしないこと	卸売業者は、市場における卸売の業務に関し、出荷者又は仲卸業者若しくは売買参加者に対して、不当に差別的な取扱いをしてはならない	知事は、市場に関し、取引に関し、不当に差別的な取扱いをしてはならない　卸売業者は、市場における卸売の業務に関し、出荷者又は仲卸業者、売買参加者に対して、不当に差別的な取扱いをしてはならない	卸売業者は、市場における卸売の業務に関し、出荷者又は仲卸業者若しくは売買参加者に対して、不当に差別的な取扱いをしてはならない	卸売業者は、卸売に関し出荷者又は仲卸業者その他の買受人に対して不当に差別的な取扱いをしてはならない
受託拒否の禁止	卸売業者は、許可に係る取扱品目の部類に属する生鮮食料品等について中央卸売市場における卸売のための販売の委託の申込みがあった場合には、正当な理由がなければ、その引受けを拒んではならない	卸売業者は、その取扱品目に属する生鮮食料品等について当該卸売市場における卸売のための販売の委託の申込みがあった場合には、農林水産省令で定める場合を除き、正当な理由がなければ、その引受けを拒まないこと	卸売業者は、販売の委託の申込みがあった場合には、正当な理由がなければその引受けを拒んではならない	卸売業者は、販売の委託の申込みがあった場合には、規則で定める正当な理由がある場合を除き、その引受けを拒んではならない	卸売業者は、販売の委託の申込みがあった場合には、正当な理由がなければ、その引受けを拒んではならない	卸売業者は、許可に係る取扱品目の部類に属する物品について市場における卸売のための販売の委託の申込みがあった場合は、省令第6条に規定する正当な理由がなければ、その引受けを拒んではならない
第三者販売の禁止	卸売業者は、中央卸売市場における卸売の業務については、仲卸業者及び売買参加者以外の者に対して卸売をしてはならない（但し、特別な事情がある場合であって、業務規程で定めるところにより開設者が認めたときはこの限りでない）	－	原則禁止（但し特別の事情がある場合であって、知事が許可したときは除く）	原則禁止（但し特別の事情がある場合であって、知事が許可したときは除く）。せり売又は入札の方法による卸売についての卸売を除く）。残品の卸売を除く）。それ以外について知事に報告のみ。	原則禁止（但し特別な事情がある場合であって、市長が許可したときは除く）	原則禁止（但し別に定める場合であって、市長が許可したときは除く）

自己買受の禁止	卸売業者は、その者が許可を受けて卸売の業務を行なう市場において その許可に係る取扱品目の部類に属する生鮮食料品等について、その許可に係る卸売の相手方として、生鮮食料品等を買い受けてはならない（省令）	—	禁止	—	禁止（市長が認める場合を除く）	—
手数料	—	—	卸売業者は手数料に関わる率をあらかじめ定め、知事に届出	（公表義務のみ）	卸売業者は取扱品目ごとと手数料を定め市長に届出／届出に係る手数料率が出荷者に対して不当に差別的な取扱いをするものであるときなど市長は手数料の変更を求めることができる	卸売業者は取扱品目ごとと手数料を定め市長に届出／届出に係る手数料率が出荷者に対して不当に差別的な取扱いをするものであるときなど市長は手数料の変更を求めることができる
手数料以外の報酬の禁止	—	—	禁止	—	禁止	—
直荷引きの禁止	原則禁止（その許可に係る取扱品目の部類に属する生鮮食料品等について販売の委託の引受けをすること。その許可に係る取扱品目の部類に属する生鮮食料品等を当該中央卸売市場の卸売業者を当該卸売市場の卸売業者以外の者から買い入れて販売すること）	—	原則禁止（但し、特別の許可の事情、知事の許可等要件を満たしているときは除く）	知事に報告のみ	原則禁止（但し、特別の事情等に該当し、市長の許可を得ている場合は除く）	原則禁止（但し別に定める場合であって、市長が許可したときは、この限りでない）

資料：「卸売市場法」「東京都中央卸売市場条例」「京都市中央卸売市場業務条例」より作成
注：ここでは条文そのものではなく要約した内容を記載している。正確な表記については原資料で確認されたい。

者の持続的経営についても大きな変革を求めるものである。委託集荷と買付集荷による卸売業者の利益率は一般に買付集荷によるものの方が低いとされる。この点でも卸売業者は今後より厳密な利益管理が求められる。さらに、現在、卸売市場（とくに中央卸売市場）での取引は、公設市場という前提によって施設使用料等のコスト（売買操作資本）が低く抑えられている。こうした状況の中、低く抑えられた売買操作資本であれば委託であれ買付であれ対応可能な事業者も、民設民営も可能な改定法の下でこうした前提がなくなれば経営が圧迫される可能性もある。この問題を回避するためには、需要者への卸売価格を上げる必要があるが、現在の卸売業者（仲卸業者を含む）と小売業者のバーゲニングパワー関係においては困難となる。仲卸業者においても、従来卸－仲卸制度の下で卸売業者と仲卸業者がそれぞれ異なる役割を果たしているため、卸売市場における二段階の卸売取引が行われる意義があったが、両者が同じ流通機能を果たすのであればその必要性は弱化する。

5．今後の卸売市場のあり方

その種類の多様さ、摂取量および摂取頻度の多さから、日本の食生活において重要な位置にある生鮮食料品等の流通構造は、これまで卸売市場を中心に構築されてきた。卸売市場の経由率の低下も指摘されているが、未だ青果物53.6％（国産青果物は76.9％）、水産物46.5％、花き70.2％（2019年度）[12]が卸売市場を経由しており、その位置づけは決して小さくない。それは、取引の集中による流通費用の節約、全国に分散する産地や季節による需給変動の調整、多種多様な生鮮食料品の品ぞろえ等、生鮮食料品等の流通過程の合理化に一定の役割を現在も果たしているからである。

そうした前提に加え、本章では、卸売市場が果たしてきた役割は経済的合理性だけであったのかという点を検証するべく、「制度」としての卸売市場の性格変化に注目した。これまで卸売市場の有益な機能や存在意義は、制度として設けられていた許認可の仕組みや取引ルールによって発揮されてきた

ところが大きい。取引の集約による経済的合理性はいわゆる物流センターによっても実現可能であるが、卸売市場制度の中で行われてきた委託集荷と手数料による取引が生産者保護的に働く仕組みや、卸－仲卸制度による川上川下双方への利益の供与、開設者である地方公共団体による施設整備・管理による流通費用の節約、またそれにより卸売段階を担う多数の商業者の経営を維持しながらも流通コストを膨張させない仕組みという側面が、2018年の卸売市場法改定ではまったく評価されていなかったことを改めて指摘したい。制度的枠組みが取り払われることにより、委託集荷や手数料制によって維持されてきた卸売市場段階での流通コストが膨張する可能性は高く、中間流通費用の節約という公益性はさらに弱化することが今後予想される。

　また、これまでみてきたとおり、結果として2018年の法改定により卸売市場は制度としてはすでにその枠組みが解体された状態であり、その流れは不可逆的なものであろう。卸売市場法および食品等流通法の改定にみられる一連の規制改革の流れは、卸売市場に限らずさまざまな流通機構に対して、経済的合理性をさらに高めることを目的としている。すなわち、今後の卸売市場は開設者と市場内事業者によって運営される一流通機構として経済的合理性を発揮していくことが求められている。

　本章では東京都と京都市の新しい条例を例としてとりあげたが、集荷圏や地域の需要形態（商業のあり方）の違いからこのように取引ルールが異なるのは当然となる。また公設卸売市場の場合、地域として卸売市場を必要とするかどうかその判断が開設自治体に大きく委ねられる。そして、もし卸売市場を維持していく場合には、国の制度的枠組みに代わる各市場の開設者の役割また業務条例等がより重要なものとなるであろう。これまで卸売市場という存在が生産者と需要者だけでなく、市場内の事業者を含め地域経済に果たしてきた役割と、その役割を成り立たせていた取引ルールや事業者、出荷者、需要者に求める要件、開設者の役割を改めて精査し、各地域、各市場の状況に沿った適切な条例等策定と施設整備が必要となる。

追記）

　本稿は、2014-1017年度科学研究費補助金による基盤研究（C）「広島の復興・成長・停滞期における公的及び民間食料流通システムの役割の検証」（研究代表者：矢野泉、研究課題番号26450313）および2020年度広島修道大学調査研究費助成「地方都市における卸売市場の運営形態と流通機能の関係」の成果の一部である。

注
1 ）中央卸売市場法においても、1961年に中央卸売市場の開設や整備に関する計画を必要であれば定める等の条項が追加されたが、中央卸売市場のみが対象であるなど限定的なものであった。
2 ）本稿では深く立ち入らないが、こうした全国的な市場体系は集散市場体系論や全国広域市場体系論として卸売市場研究の中で活発な議論が行われてきた。またその後の流通環境の変化にともない、分散均衡市場体系論や卸売市場の集配センター化論等の議論も展開した。一連の研究動向については、木立真直（1995）、杉村泰彦（2013）等にまとめられている。
3 ）各卸売市場法改定時の議論について、1999年改定については、酒井（1999）、細川（2000）、小野（2000）、2004年改定については、藤島（2005）、小野（2005）、細川（2005）、小野（2006）、菊地・石崎（2009）等に詳しい。
4 ）卸売市場法上は「せり売」と表記されるが、本稿ではより一般的に「せり売り」という表記を使用する。
5 ）第 1 回未来投資会議構造改革徹底推進会合「ローカルアベノミクスの深化」会合・第 2 回規制改革推進会議農業ワーキング・グループ合同会合議事録（2016年 9 月20日）および未来投資会議・規制改革推進会議（2016）「総合的なTPP関連政策大綱に基づく『生産者の所得向上につながる生産資材価格形成の仕組みの見直し』及び『生産者が有利な条件で安定的に取引を行うことができる流通・加工の業界構造の確立』に向けた施策の具体化の方向」等。
6 ）改定前後の変化としては、姫路市において改定前に地方卸売市場となっていた青果部が中央卸売市場に復帰した（姫路市中央卸売市場の部門としての復帰であるため、市場数には影響を与えていない）。
7 ）運営については指定管理者（大阪府）、市場事業管理者（岡山市）があるが、いずれも法改定前から継続する運営形態である。
8 ）農林水産省『令和 2 年度卸売市場データ集』（2021年 5 月）。
9 ）農林水産省（https://www.maff.go.jp/j/shokusan/sijyo/info/chihou.html）最終閲覧日2021年 3 月21日。
10）その他の市場においても、業務許可に加え施設許可を与えるものや、協定締

結によって業務を許可する市場もある。
11）差別的取扱いの禁止については、改定法において新たに「開設者による差別的な取扱いの禁止」条文が加わっているが、これを東京都のように反映している市場と京都市のように条文には組み込んでいない市場がある。
12）農林水産省『令和 3 年度卸売市場データ集』（2022 年 8 月）より。

引用・参考文献

小野雅之（2000）「規制緩和と農産物市場の構造変動」『日本農業の再編と市場問題』筑波書房
小野雅之（2005）「2004 年卸売市場法改正の歴史的位置」『農業市場研究』14（2）
小野雅之（2006）「2004 年卸売市場法改正の特徴と歴史的意義に関する商業論的考察」『農業経済』No.38
小野雅之（2017）：「規制廃止は卸売市場をどう変えるのか」『農業と経済（2017 年 11 月号）』昭和堂，pp.15-18
小野雅之（2019）：「2018 年卸売市場法改正の経緯と論点」『卸売市場の現在と未来を考える』筑波書房，pp.12-15
菊地昌弥・石崎和之（2009）「2004 年改正卸売市場法の問題点に関する考察」『農業市場研究』18（3）
木立真直（1995）「第 9 章　Ⅱ卸売市場論」『流通研究の現状と課題』
小暮宣文（2018）「 5 年後の見直しで卸売市場法はどうなるか」『農産物流通技術 2018』pp.67-69
酒井亮介（1999）「卸売市場法の改編問題」『流通』No.12
市場流通ビジョンを考える会幹事会監修（2020）「"適者生存"戦略をどう実行するか：卸売市場の "これから" を考える』筑波書房，pp.22-24
杉村泰彦（2013）「青果物市場に関する主要文献と論点」『食料・農業市場研究の到達点と展望』筑波書房
農林水産省（2015）『卸売市場流通の再構築に関する検討会』p.25
原田政美編（2011）『『近代日本『市場』関係資料集』解説』不二出版，pp.15-19
藤島廣二（2005）「2004 年改正市場法の特徴と問題点」『農村研究』No.100
藤島廣二（2011）『市場流通 2025 年ビジョン』pp.7-8
細川允史（2000）「流通再編と卸売市場」『流通再編と食糧・農産物市場』筑波書房
細川允史（2005）「卸売市場法改正とわが国卸売市場流通システムの急転回」『農業市場研究』14（2）
松浦恵（1972 年）『青果物の流通と市場革命』全国農業改良普及協会，pp.13-16
宮本又次・作道洋太郎編（1964）『中央卸売市場』創元社，pp.16-17

（矢野　泉）

第11章

農政と消費者政策
―消費者の権利と国民理解の促進―

はじめに

　本章では、主に2010年以降の農政における消費者政策の特徴と課題を、消費者の権利との関連で示す。この間の規制改革の下で企業活動等の自由度が増し消費者の自己責任が強まるなか消費者の権利行使のための能力開発や支援システムの重要性が高まっている。以下では消費者政策を取り扱う視点を示し、食の安全・表示の政策展開、農業理解の現状と課題、畜産理解と表示の課題を取りあげる。

1．消費者政策の枠組みと課題

（1）消費者保護基本法から消費者法へ

　1968年に制定された消費者保護基本法は、2004年消費者基本法によって消費者政策と経済政策の二重の意味で変化した。

　消費者は消費者基本法のもとで、保護対象から権利主体と位置づいた。**表11-1**にみるように、消費者基本法は消費者と事業者のあいだの情報の質及び量並びに交渉力等の格差から消費者の権利尊重とその自立支援の基本理念を定め、8つの消費者の権利（①基本的需要が満たされる権利、②安全であ

表11-1　消費者基本法

目的	消費者と事業者との間の情報の質・量・交渉力等の格差にかんがみ、消費者の利益の擁護及び増進に関し、消費者の権利の尊重及びその自立の支援その他の基本理念を定め、国、地方公共団体及び事業者の責務等を明らかにし、消費者の利益の擁護及び増進に関する総合的施策の推進を図り、国民の消費生活の安定及び向上を確保する
基本理念	消費者の利益の擁護及び増進に関する総合的な施策（「消費者政策」）の推進は、国民の消費生活における基本的な需要が満たされ、その健全な生活環境が確保される中で、消費者の安全が確保され、商品及び役務について消費者の自主的かつ合理的な選択の機会が確保され、消費者に対し必要な情報及び教育の機会が提供され、消費者の意見が消費者政策に反映され、並びに消費者に被害が生じた場合には適切かつ迅速に救済されることが消費者の権利であることを尊重するとともに、消費者が自らの利益の擁護及び増進のため自主的かつ合理的に行動することができるよう消費者の自立を支援することを基本として行われなければならない。
消費者の役割	消費者は、自ら進んで、その消費生活に関して、必要な知識を修得し、及び必要な情報を収集する等自主的かつ合理的に行動するよう努めなければならない。消費者は、消費生活に関し、環境の保全及び知的財産権等の適正な保護に配慮するよう努めなければならない。
消費者団体の役割	消費者団体は、消費生活に関する情報の収集及び提供並びに意見の表明、消費者に対する啓発及び教育、消費者の被害の防止及び救済のための活動その他の消費者の消費生活の安定及び向上を図るための健全かつ自主的な活動に努める

る権利、③知らされる権利、④選ぶ権利、⑤意見を反映させる権利、⑥補償を受ける権利、⑦消費者教育を受ける権利、⑧健康的な環境を享受する権利）を盛り込んだ[1]。これは1962年米国ケネディ大頭領が「消費者の保護に関する特別教書」で述べた4つの権利（②③④⑤）に、フォード大統領が⑦を加え、国際消費者機構が3つ（①⑥⑧）を加え1982年に提唱したものである。

　また経済政策では、規制緩和と市場メカニズム活用の下で消費者の位置づけが変化した。すなわち「市場メカニズムを十分活用するためには、事業者間において自由で活発な競争が行われ、市場の公平性及び透明性が確保されるとともに、消費者は「自立した主体」として市場に参画し、積極的に自らの利益を確保するよう行動する必要があ」り、「行政は消費者の自立のための環境整備を行う」[2]とした。消費者政策が、事業者規制中心から市場メカニズム活用へ、消費者は行政に保護されるものから自立した主体として市場参画し、行政は自立を支援する、としたのである。

　こうして、事業者の活動に一定の規制を加え、情報提供、消費者教育等を通じて消費者利益を守りつつ、新たな課題には事前規制だけでなく、市場ル

ール整備と市場メカニズム活用に重点をおき、消費者救済制度や事後チェックを充実させる。加えて、事業者には自主行動基準の策定・運用、公表と評価に基づく自主的コンプライアンス経営を求める方向である。

　松本（2003）はこれを消費者政策3つの波とする[3]。第一の波は、それまで主流の行政規制と行政による被害救済であり、90年代からの第二の波は民事ルールの活用が志向され、規制緩和と民事ルール整備で、消費者が自分の権利を行使できる力を志向し、第三の波は市場を活用した消費者政策である。こうした変化は、2018年民法改正による成年年齢18歳引下げ（2022年4月）に伴い未成年者が親の同意を得ず契約した場合に原則として契約取消しができる未成年者取消権が行使できなくなることや、公職選挙法改正による選挙権年齢18歳引下げ（2016年6月）、2021年少年法改正による成年年齢の18歳引下げ（2022年4月）ともあいまって、消費者の自己責任が強まっている。自立支援と消費者団体による教育と事業者監視が求められるのである。

（2）消費者政策の枠組み

　消費者基本法で定められる基本的施策は、安全の確保、消費者契約の適正化等、計量の適正化、規格の適正化、広告その他の表示の適正化等、公正自由な競争の促進等、啓発活動及び教育の推進、意見の反映及び透明性の確保、苦情処理及び紛争解決の促進、高度情報通信社会の進展への的確な対応、国際的な連携の確保、環境の保全への配慮、試験、検査等の施設の整備等、と食と農の広い分野に関わる。そしてこれら施策は2009年、消費者行政一元化のために設置された消費者庁と、消費者行政全般に対する監視機能等をもつ第三者機関の消費者委員会が担うこととなった。

　消費者とは、商品を購入したりサービスを利用したりといった消費活動をする人のことであり、全ての人は消費者[4]である。その特徴は、生命・身体に深刻な被害を受けると二度と取り返しがつかない、事業者との間で保有する情報の質と量に格差がある、事業者との間に交渉力の格差がある点に求められる。ゆえに「保護」される存在だが同時にGDPの半数以上を占める

190

家計消費の当事者でもあるため「環境の保全及び知的財産権等の適正な保護」（消費者基本法第 7 条 2 項）への配慮も求められる。このように二重性を持つ存在として消費者は位置付けられたのである。

（3）小括

　消費者は、消費者基本法以降、市場メカニズム活用の下で主体的に行動し自由な選択を行う権利主体であり、責任ある存在が強調されるようになった。そのもとで、事業者は事前規制から事後規制へ、第三者認証から業界自主基準、企業のコンプライアンス経営という枠組みの下、事業活動にたいして消費者の判断力がより求められるようになった。

2．食品安全と表示の政策

（1）食品安全の取り組み

　1980年代に英国で発生し日本でも2001年 9 月に発生したBSEなどを契機に、食を取り巻く状況変化、食の安全を脅かす事件発生、食の安全に関する国際的動向をふまえ、2003年食品安全基本法が制定された。

　食品安全基本法は、食品による国民の健康への悪影響を未然に防止するため、生産から加工、流通、消費段階までの安全性確保を、リスク分析を基本としてリスク評価、リスク管理、リスクコミュニケーションの 3 機能にわけ整備した。同時に消費者は、食品の安全性確保に関する知識と理解を深めるなどの責務が明記された。また2003年食品衛生法改正により、使用農薬のポジティブリスト制が導入され、残留基準設定のない農薬等を含む食品流通が原則禁止された（2006年から）。食品製造に関してはHACCP（危害分析・重要管理点方式：Hazard Analysis and Critical Control Point）による衛生管理が1995年改正で位置づけられ、2000年の食品事故で審査厳格化などを経て、2018年改正で食品を扱う全事業者のHACCP衛生管理が義務化（2021年 6 月完全義務化）された。こうして食品製造における安全は、最終製品の検

査による安全管理から、原料受入から出荷まで管理点を定め危害発生を防止する手法に変化した。

（2）食品の表示をめぐる展開

　食品表示に関しては、行政の消費者庁移管と食品表示法制定、JAS法改正が行われた。とくに2016年11月農業競争力強化プログラムで示されたJAS制度見直しに沿った改正は輸出体制整備に寄与すると思われる。

1）2015年施行「食品表示法」（2013年6月制定）

　食品の安全性及び消費者の自主的かつ合理的な食品選択機会確保の目的で、食品衛生法（衛生上の危害発生防止）、JAS法（品質に関する適正な表示）、健康増進法（国民の健康の増進）の食品表示規定を統合し、包括的かつ一元的制度として食品表示法が成立した。これにより、アレルゲンを含む旨の表示義務、栄養成分表示の義務化、機能性表示制度の創設、表示レイアウトの改善等が行われた。またJAS法による「品質表示基準」が内閣府令に基づく「食品表示基準」に移行したほか2017年9月からは全加工食品対象に原料原産地表示が義務づけられた。

2）2018年施行「日本農林規格等に関する法律」（2017年6月制定）

　品質表示基準の移行に伴い、JAS制度は、農林物資の規格化等に関する法律及び独立行政法人農林水産消費安全技術センター法の一部改正法により変化し、任意のJASマークに重点が置かれるようになった。これまでJASの対象は、主としてモノ（農林水産物・食品）の品質に限定されていたが、モノの生産方法（プロセス）、取扱方法（サービス等）、試験方法に拡大され、認証枠組みの拡充、JAS規格認証をISOの枠組みに準拠させ国際規格化をめざす形を整えた。

　その結果JASは、①農林物資の品質、生産方法などの基準（品位、成分、性能その他の品質の基準、生産工程の基準、流通工程の基準、69規格）、②

農林物質を取り扱う事業者等が遵守すべき基準（取扱方法、4 規格）、③農林物資に関する試験方法（5 規格）、④その他農林水産省令で定められたもの（0 規格）となった（2021.6.1現在）。①は「品位、成分、性能その他の品質についての基準」52規格（JAS51規格と特色JAS1規格）と、「生産工程についての基準」17規格（JAS1規格、特色JAS12規格：生産情報公表牛肉や地鶏肉や熟成ハムなど含む、有機JAS4規格）があり、これに「人工種苗生産技術による水産養殖産品」、「障害者が生産工程に携わった食品」、「持続可能性に配慮した鶏卵・鶏肉」などの規格が加わる。

　なお従来のJASマークは、平準化規格としての「丸JAS」と特色ある規格の「有機JAS」「地鶏肉・熟成ハム類などの特定JAS」「生産情報公表JAS」「低温管理流通JAS」と分かれていたが、これを「丸JAS」「特色JAS」「有機JAS」に統合し新しく「試験方法JAS」を設けた。丸JASマークは、①産品：品質・仕様、②産品：生産プロセス・流通プロセス、③事業者：産品の取り扱い方法、④事業者：経営管理方法、に付すことが可能となり、内容が一見して分かる「標語付きJASマーク」として多様な内容を表すことができるマークとなった。さらに特色JAS（2022.3.31施行）マークは、「特定JAS」「生産情報公表JAS」「定温管理流通JAS」を統合し、高付加価値・こだわりマークとした。これにより「地鶏肉」も「持続可能性に配慮した鶏卵・鶏肉」も同じマークとなるため、内容がわかりにくくなっている。

　また有機JASは、他国制度を自国制度同等と認めることで、相手国認証品を自国認証品同等として取扱える。米国、オーストラリア、カナダ、スイス、とは有機農産物、有機畜産物及び有機加工食品が、アルゼンチン、英国、ニュージーランド、EU加盟国、台湾とは有機農産物及び有機農産物加工食品が、それぞれ日本農林規格による格付け制度同等水準の格付け制度を有すると認められる（2021.3現在）。このように丸JASマークや特定JASマークは多様な内容を包含し、有機JASマークは国際的通用性のあるマークに変化している。これはJASマークにトレードマークのような商標機能が強化されていると言えるだろう。

3）景品表示法第31条に基づく協定または規約（公正競争規約）

　公正取引委員会及び消費者庁長官の認定を受けて事業者または事業者団体が表示または景品類に関する事項について自主的に設定する業界ルールがある。この規約は、必要な表示事項を定めるもの、特定事項の表示の基準を定めるもの、特定用語の表示を禁止するものであり、これにより一般消費者の自主的合理的選択及び事業者間の公正競争の確保を目的とする。規約に参加しない事業者が行う不当表示や過大な景品類提供は消費者庁が直接措置をとる。公正取引協議会は全国組織協議会が78（2021.4）存在し、表示規約65件、景品規約37件存在する（2020.6現在）。食品表示規約は42、景品類に関する規約は18と1/2～2/3程度を占め、飲用牛乳、チーズ、食肉、鶏卵、ハム・ソーセージ、パン、コーヒーなどに存在する。

　公正取引協議会の約6割が加入する全国公正取引協議会連合会は協議会加入事業者のメリットとして、確かなコンプライアンス、消費者からの信頼獲得を掲げている。また公正競争規約はその業界における「正常な商習慣」として参酌される[5]。しかし業界最大手企業が未加入なものもあり、同規格の社会的強制力が及ぶ範囲には懸念がある。

4）特定農林水産物等の名称の保護に関する法律（GI法）

　2015年地理的表示保護法が施行された。これは生産者が組織する団体が生産業者に対して生産工程を管理し品質管理を行い、産品に特性を付与する又はその特性を維持する行為を明細書に記載することで、一定の生産方法等の基準に基づき生産され、品質などの管理体制チェックも求められる（2021年6月21日、40都道県106産品など登録）。この制度は、WTO協定附属書のTRIPS協定において知的財産として位置づけられ、世界100ヶ国以上で保護され、登録商標（GIマーク）が貼付される（2018年よりGIマークは任意）。この地理的表示法はEUと米国で考え方に隔たりがある。高橋（2015）によれば、製造方法を明らかにした品質証明は他社に真似られるリスクがあるため、品質の核心となる製法は秘密にしたブランドの方が大きく成長できる。

企業はどのように作ったかではなく、出来上がった商品で評価されることが
競争を支えると考える。WTOも産品の生産方法や過程は問わず最終製品を
基準に貿易障壁の有無を審議する。米国・オーストラリアでは、生産者の自
由な発想を阻害しない理由から生産過程に行政介入する品質証明制度を基本
的に受け入れず、商標は本来、品質証明機能を持たないと指摘する。また内
藤（2019）は、行政関与の品質保証・情報伝達の機能が地理的表示にあると
している。商標機能を強めているJASマークにたいし、生産方法を明らかに
するGIは表示の透明性の点で注目される。

（3）小括

　消費者の知る権利等の懸念や表示通りの品質担保に議論がありながら健康
食品市場で6年で特保を上回った「機能性表示食品」、2023年から事実上「遺
伝子組換えでない」の表記が不可能になる「遺伝子組換え食品」、大きな議
論となっている2021年4月施行「改正種苗法」、2021年10月までに3件届出
された「ゲノム編集食品」、2021年8月に消費者庁がパンフレット等を示し
た「プラントベース食品」、2021年海外で商品化され米国やEUで名称・安全
性の議論がある「培養肉」など、新しい食品カテゴリーに対する表示を含む
社会的受容の議論が進んでいる。しかしその理解には科学コミュニケーショ
ンが必要であり、消費者団体等の支援なしに個々の消費者が一定の科学的判
断水準に到達することは困難と思われる点が論点である。

　本節では、特にJAS制度がこれまでの品質標準化等から、生産方法や事業
者の取扱い方法など多様性を含む規格となることで、品質証明から商標機能
の強化に進んでいるとの懸念を示した。一方GI法は生産方法の規定を持つ
点で表示の透明性を担保しうるものとして注目されることを指摘した。

3. 農業・畜産業の持続可能な生産のための消費者理解の醸成の政策

　2021年5月みどりの食料システム戦略は、生産性向上と持続可能性の両立

は農畜産業の課題であるとし、国民理解促進のため、食と農の新たな国民運動の展開を提示している。以下では食と農のつながりに関連し、消費者が生産物以外にも生産、環境等へ関心を深める課題等を検討する。

　まず消費者の農業理解について、2017年3月「食育に関する意識調査報告書」（農水省）は、食品を選択する際に重視すること（複数回答、一人当り回答数17項目中5.3項目）として、鮮度66.3％、価格64.0％、安全性55.7％、国産54.8％の順に高く、生産者・食品メーカー 21.7％（回答率は下から6番目）、環境への配慮7.8％（同下から4番目）など、生産者・環境への関心は低い。また日本政策金融公庫調査（2020.1）によれば、例えば鶏卵購入時の消費者の判断基準（3つまで選択、選択肢11）で、価格75.6％、鮮度58.8％、国内産地41.2％等の項目が重視され、生産者情報3.7％（下から6番目）、飼養管理2.1％（下から4番目）、表示マーク1.9％（下から3番目）はほとんど重視されていない。これは前回2015年調査も同様であった。

　一方、2021年3月「食育に関する意識調査報告書」（農林水産省）では、環境に配慮した農林水産物・食品を選んでいるかの問に、選んでいる67.1％（いつも＋時々）、産地や生産者を意識して農林水産物・食品を選んでいるかでは、選んでいる73.5％（いつも＋時々）と、環境や生産者、産地への関心が高いデータも示されていることから、消費者の農とのつながり深化には、関心度合いに応じたアプローチが有効と思われる。

　そこで世帯加入率38.4％の生活協同組合（2019）が1980年代以降全国で取組んでいる産直を例に考える。産直は、生産と消費を結ぶ活動として全国の生協が取り組む食料活動であり、その際「産直三原則」である、生産地と生産者が明確である、栽培・肥育方法が明確である、組合員と生産者が交流できる、を重視し、生産方法など詳細な規定を持つケースもある。現在、全国の生協取扱商品の青果・精肉の3分の1、牛乳・卵の半数、米の6割程度が産直である（2018年第10回生協産直調査）。同調査で生協組合員（3680名）の生協産直に対する評価（3つ選択）を聞いたところ、安全・安心68.3％、新鮮40.1％、生産者・産地を支援する24.3％、生産者の顔が見える20.8％、お

いしさ19.4％、生協産直にしかない特色のある商品15.2％、適正な価格14.6％、組合員、生産者、産地、生協の交流・コミュニケーション13.7％、地産地消の取り組み13.5％、有機栽培・特別栽培の取り組み11.8％、環境に配慮した持続可能な生産を支援する5.9％等であった。このうち「生産者・産地を支援する」「顔が見える」は上位にあり、農水省、政策金融公庫調査と比較して生産理解の点で高い認識の存在を伺わせる。

　ただし新山（2004）は、BSE発生による牛肉や食品の安全性への不安の下で生産者や生活協同組合、量販店が熱心に進めた顔のみえる関係づくりは情緒的な親近感づくりに傾いた手法で、消費者が求めるのは、検証可能性、客観的に担保された信頼、と指摘する。この指摘が今日も妥当ならば、生協組合員は、客観的担保よりも情緒的関係で安心しているとの指摘は消費者の自立の点から検証される必要がある。

　宮﨑（2019）は、組合員の生協産直への関心は、商品としての特性にあり、近年まで安全・安心は産直の交流・コミュニケーションと密接に関係してきたが、交流はどこでも見られるようになり、GAPをはじめとする様々な生産認証が普及することで、交流などの安全・安心担保の意味合いは弱くなりつつあり、今後の生協産直は、生産物の魅力などを交流の中心に据える必要があると指摘する。しかし交流が果たしてきた安全・安心の担保を、GAPなどの社会的認証がどのように代替するか、どの程度代替できるかは、社会的認証に情緒的信頼を求めるのか、検証可能性を求めるのかも含めて慎重に検証される必要がある。これはJASマークやGIマークも含めた表示の社会的機能に関する重要な論点である。

　いずれにしても、消費者は価格・鮮度等以外にも、生産情報（方法）などに関心を持つ層が少なからず存在している。こうした関心を持つ層が、自ら学び合理的な消費行動のできる「賢い消費者」として、そして「現在の生産・流通のあり方そのものを変えていくために積極的に関わっていく」[6] 消費者市民社会の主体の萌芽として期待できるだろう。

　この節で触れなかった課題が２つある。

一つは、食料・農業・農村基本法第2条「食料は、人間の生命の維持に欠くことのできないものであり」「良質な食料が合理的な価格で安定的に供給されなければならない」ことの関連である。日本の非正規労働者比率は約40.0％（2014.10）、最低賃金はOECD平均の75％（2009）、日本の貧困率は16.1％、生活保護受給率は20％程度、子供の相対的貧困率13.5％（日本財団、2019年度）であり、一方、総務省家計調査（二人以上の世帯）によれば、2020年の財・サービス支出に占める食料は27.2％、外食は4.2％と家計支出の約3割が食料支出である。農産物・食品価格動向の監視や、子供食堂、フードバンクのような、食のアクセス困難層への支援については今後重要性を増すだろう。そしてもう一つは食育である。2005年成立の食育基本法の下、フードロス、エシカル消費、等の課題については、次節とも関わって今後より重要性を増すと思われる。

４．持続可能な生産と消費者の選択・権利
―養鶏業の理解促進と鶏卵の品質・基準・認証・表示の例―

みどりの食料システム戦略は、生産力向上と持続性両立の具体的取組として、「科学的知見を踏まえたアニマルウェルフェアの向上を図るための技術的な対応の開発・普及」を掲げる。アニマルウェルフェア（Animal Welfare：AW）は、2020年5月EUのFarm to Fork戦略においてもAWの向上、ラベル表示の検討が示されるなど、欧米を中心に持続可能な農畜産業への関心が高まり、日本でも議論が活発になりつつある。世界的に認められている動物の5つの自由は、飢え・渇き及び栄養不良からの自由、恐怖及び苦悩からの自由、物理的及び熱の不快からの自由、苦痛・傷害及び疾病からの自由、通常の行動様式を発現する自由、であり、OIEはアニマルウェルフェアの状況を把握する上で役立つ指針とし、農水省は、アニマルウェルフェアにより、家畜の能力が引き出され、家畜が健康になり、生産性の向上や畜産物の安全につながるとしている[7]。

（1）理解のための統計整備

　現状の養鶏業を正確に知ることは国民理解に欠かせない。それには全体像の構造的把握も必要であり、その基本として統計が存在するが、そこには大きな制約が存在する。

　表11-2は統計にないが採卵鶏企業の規模別羽数シェアである。畜産統計では、採卵鶏の成鶏めす10万羽以上層が、農林業センサスでは50万羽以上層が一つの階層とされており、採卵鶏業を主導する経営数1.4％、羽数32.6％の100万羽以上層の経営動向が把握できない。畜産統計によれば10万羽以上層の戸数シェア19.6％、羽数シェア80.0％である（2021年）。営農類型別経営統計調査も採卵鶏個人経営の月平均飼養羽数は9,918羽、法人経営の平均は135,309羽（2019年）と小規模に偏っている。

表 11-2　採卵鶏の階層別飼養羽数

飼養羽数（万羽） 以上～未満	推定生産者数		推定飼養羽数	
	経営数	％	万羽	％
0～10	1,662	87.8	3,446	25
10～20	85	4.5	1,176	8.5
20～30	49	2.6	1,170	8.5
30～40	26	1.4	915	6.6
40～50	13	0.7	577	4.2
50～60	15	0.8	806	5.8
60～70	6	0.3	388	2.8
70～80	4	0.2	294	2.1
80～90	4	0.2	333	2.4
90～100	2	0.1	194	1.4
100～250	19	1	652	4.7
250 以上	8	0.4	3,850	27.9
合計	1,893	100	13,801	100

資料：淺木仁志（日本養鶏協会専務理事）養鶏と AW を巡る情勢について、2019.10.26 麻布
　　　大学公開講座資料
注：10 万羽以上の階層別飼養羽数は推定
　　畜産統計（2022）によれば、一戸当たり平均成鶏めす飼養羽数 75.9 千羽

（2）採卵養鶏の飼育基準と表示

　表11-3に採卵鶏の飼養方式分類の一例を示したが、鶏卵表示の公的規制は不十分であり消費者の選択に制約が生じている。

　EU・英国では、有機、放飼い、平飼い、ケージ（エンリッチド）という飼養方法ごとに飼養面積やエンリッチメント規定など詳細基準が定められ、0、1、2、3の数字の卵殻印字が義務づけられている[8]。飼養方法の違いがおおむねウェルフェア水準を示すことから、AW表示としてアジアでも採用されている。日本ではケージ飼養が生産の約95％を占めるもと、飼育基準・表示は、鶏卵の表示に関する公正競争規約及び施行規則（2016.8.30認定）と有機JAS規格で定めつつ、AWのとりくみはJGAP認証を推奨している。

表 11-3　採卵鶏の飼養方式

飼養方式の名称	類似名称	要点
従来型（バタリー）ケージ	Conventional cages Batery cages	四方と床、天井は金網で囲まれている 将来エンリッチドケージに移行できるようなケージ（エンリッチャブル）も開発されている
エンリッチドケージ	Enriched cages Furnishd cages Modified cages	家具付きあるいは改良型ケージとも呼ばれ、止まり木、巣エリア、砂浴び場所等を設置し、1羽当たりの床面積を広くしたケージシステム
平飼い（納屋（Barn）飼い）	Free run Aviary	
・平面飼育		ブロイラーと同じような平面で飼う。巣箱や止まり木などを設置
・部分的高床式	Partially-slatted sysytem	巣箱や止まり木などを設置
・エイビアリー （立体多段式）	Multi-tiered aviaries	砂浴びができる自由行動エリアとスノコ／網床の棚を複数設置した休憩エリアおよび巣箱を設置した産卵エリア、また止まり木を備えている
フリーレンジ	Free range	平飼いの鶏舎と屋外に自由行動エリアを備えた、放ち飼いの飼育システム。オーガニックも本方式に含まれる。

出典：国際養鶏協議会作成資料（2018.11.12）（「養鶏・鶏卵行政に関する検証委員会報告書」「別冊資料」8頁、2021.6.3）
注：上記定義・分類が適切かは、オーガニックを含め議論が必要と思われる（筆者）

　公正競争規約は、平飼い、放飼いを規定しているが、会員数約110企業（2021.8聞取り）と少ない点や、平飼いは「鶏舎内又は屋外において鶏が床面又は地面を自由に運動できるようにして飼育した場合」[9]、「放飼い」は「平飼いのうち、日中の過半を屋外において飼育した場合」と抽象的規定に留まるなどの課題がある。また有機基準は、放飼いで飼料を有機とし、かつ屋内飼育場・屋外飼育場共に１羽当り1,500㎠（合計3,000㎠）必要など、飼育基準がある[10]。

　アニマルウェルフェア認証で先行するアニマルウェルフェア畜産協会による乳牛認証基準（2021年９月）では、飼養タイプ別に動物ベース（14項目）、施設ベース（14項目）、管理ベース（17項目）の数値基準を含む基準により、各80％以上の達成で認証される。採卵鶏もケージや平飼いなどの飼養タイプごとに動物、施設、管理のそれぞれの数値基準を含む指標を設け評価することが望ましい。ところが、日本の採卵鶏飼育基準は、「アニマルウェルフェアの考え方に対応した採卵鶏の飼養管理指針」（第５版、2020年３月、畜産技術協会、指針）で定められているものの、飼養方法を区別せずケージを基準に記載している。しかも飼養スペースは、１羽当たり430 ～ 555㎠を推奨するが、鶏の品種（系統）や鶏舎の構造、換気の状態、ケージのタイプ、鶏群の大きさ等によって変動するため、管理者等に飼養スペースが適切か否かの判断を委ねており、巣箱や止まり木などのエンリッチメントに関しても、研究の余地があるとして評価を避けている。

（3）生産実態と日本のAWの取組みJGAP

　こうした基準の不十分さは生産実態に規定されている。採卵鶏１羽当たり最低飼養面積は、EUではエンリッチドケージを最低基準として750㎠以上、平飼い（バーン）は1,111㎠である。米国鶏卵生産者協会は、ケージは432 ～ 555㎠、平飼い（ケージフリー）は最低929㎠のガイドラインがある。

　畜産技術協会（2015）の採卵鶏経営アンケートによれば、ケージ飼育１羽当り飼養面積（398経営、420件）は、「430㎠未満」47.6％、「430 ～ 550㎠」

42.1％、「550㎠以上」10.2％と狭い。平飼い飼育1羽当り飼養面積も、「550㎠未満」37.2％、「550〜1,000㎠」14.0％、「1,000㎠以上」48.8％と狭く、エンリッチメント設置率は、産卵箱77.4％、止まり木75.5％、砂浴び場49.1％と低いため、平飼いも改善が必要なのである。

　こうしたもと農水省が推奨するJGAPは、農業の持続性に向けた7つの課題として、農場管理、食品安全、家畜衛生、環境保全、労働安全、人権の尊重、アニマルウェルフェアの項目に取り組む農場を認証する生産工程管理システムである[11]。この取得に際しAWで参照されるのが先の指針の付録「アニマルウェルフェアの考え方に対応した採卵鶏の飼養管理指針に関するチェックリスト」である。リストは6分野50項目にわたり示され主観的に、はい・いいえで回答し、全て「はい」でなくとも改善の仕組みがあれば認証される。ゆえにJGAPマークは改善の仕組みの存在でしかなく、AW配慮の客観的検証ではないことに注意が必要である。

（4）「平飼い」の情報非開示、有機基準の緩和的解釈

　大手鶏卵企業関連会社が平飼い卵生産を開始し、2020年8月頃大手流通チェーンPBとして販売開始した。パッケージは平飼い標記が、売場にはエイビアリー様写真の添付があるが、その標記はない。関連企業HPに従来の3倍の飼育スペース、高床式エイビアリー方式との説明があるものの、販売元流通企業は、1羽当りスペース1,135㎠だが「エイビアリー方式か否かは答えられない」とし、当該大手鶏卵企業は「販売先との情報開示に対する規制があり、安易にお話しできない」とした。これでは、規制改革で求められる業界・事業者の自主基準、コンプライアンスにそぐわない[12]。

　有機畜産物JAS認証は23事業者、24事例（2021年5月現在、農水省HP。公開了承企業の公表、畜種公開なし）と限定的であり、有機JAS認証鶏卵は数例と推測される（2021.6.1現在）。そのもとで、1羽当たり飼養面積は屋内・屋外兼用として規格の2分の1程度で認証する事例もある。有機畜産の規格では、「家畜及び家きんを野外の飼育場に自由に出入りさせること。ただし、

週２回以上家畜若しくは家きんを野外の飼育場に放牧する場合又は区分された運動場及び休息所を有する家きん舎で家きんを飼育する場合にあっては、この限りではない」とされ、「野外の飼育場に自由に出入りさせるのと同じくらいの効果が得られる十分な広さの運動スペースが確保されている家きん舎であれば、野外の飼育場に出入りさせずに飼養する方法が一般管理の項において認められており、その一例としてエイビアリー方式を導入した家きん舎」（Q＆A、2021.6。2012年改正より）があるとされる。屋外飼育場と面積基準の緩和的解釈は、有機鶏卵の生産振興に寄与する反面、基準に曖昧さをもたらすことから論点といっていい。

（5）AW品質・基準と商標

　有機基準の曖昧さは米国有機鶏卵の問題と類似している。米国は1990年有機食品生産法制定に基づきUSDA有機認証プログラムがスタートしたが、養鶏の１羽当り屋内スペースや屋外アクセス条件・スペースなど詳細規定が定められず、2016年４月に原案提示されたが、業界等の反対で2018年３月撤回[13]、詳細規定がないまま、有機鶏卵・鶏肉ビジネスは成長を続けている。USDAオーガニックマークは緩やかな基準の下で、いわば商標（ブランド）として機能しており、大手スーパーのPB有機鶏卵などは生産方法や施設基準が非公開であることが少なくない。これにたいしNPOが全米の有機鶏卵ブランドを一つ一つ調査し、項目毎に点数化して５段階総合評価を行ない市民に情報提供している[14]。認証と市民チェックがセットで社会システムとして存立しているようである。

　以上のように考えたとき日本の平飼い卵の非開示、有機基準の曖昧さは、いずれも信用財的特性ゆえに定められているはずの表示に不確実性を持ち込むことになる。平飼いに関しては、市場ルール活用の視点から、業界自主基準が作成されるべきで、消費者選択の権利からみても非開示には疑問が残る。

　有機卵では、JAS制度には2006年制定の有機農業推進法の基本理念が不足しているとの指摘がある。３節で示した生協産直でも詳細基準よりも考え方

の共有を重視するケースも多い。有機は、当面その生産・消費拡大に力点を
おき、曖昧さを許容し、評価を市場（社会）に委ねる選択肢はありうる。し
かし生産基準を定め検証可能な品質でなければ、判断基準は製品が全てとな
り、選択のための情報は制約され、AWや有機における生産方法等の非公開
が常態となるリスクは否定できない。その下で消費者が判断できるのは製品
の商標を含むマークのみとなり、本来確認したい価値や情報とずれが生じる。
これでは「賢い消費者」を生み出せず、生産者が提供する商品を確かめる術
を持たずに消費することとなろう。

5．まとめ

　本章は農政と消費者政策として、消費者の権利視点から現状の制度を紹介
した。安全・表示政策の概観では、科学技術の進展とその食品への応用によ
り、消費者の理解力が一層求められており、表示も多様になっただけでなく、
企業の自由な活動を支える表示システム構築が進み、消費者個々では十分な
判断が困難になりつつある。具体例である鶏卵表示では、非開示や曖昧さが
生じており、現行経済システム下で曖昧な意味内容の表示は充分に信用でき
ず、本当の価値を見極めるには消費者団体等の支援が不可欠になることを指
摘した。消費者政策は、2009年に消費者庁設立以来、消費者の通報制度も含
めて整備が進むものの、消費者の権利意識、消費者団体としての対抗力育成
は乏しい。詳細な表示を消費者は理解できない・望んでいないとして商標化
の方向が勢いを増せば、行政の消費者政策は成立しがたくなる。消費者市民
社会からの代案提示が求められている。

注
1 ）細川（2018）、p.11-13
2 ）国民生活審議会消費者政策部会（2003）「21世紀型の消費者政策のあり方につ
　　いて」第 2 章第 1 節
3 ）松本（2003）、p.49-58

4）消費者庁（2019）p.45。「消費者市民社会」とは、2012年消費者教育推進法で、消費者が大量生産・大量消費・大量廃棄の経済の波に流されて漂流する存在から、持続可能な社会・経済の舵取り役となることと説明。「（消費者庁「消費者市民社会って？」2013年1月版）

5）糸田（1995）：p.422

6）立川（2018）、p.100

7）農水省（2021.7）アニマルウェルフェアに配慮した家畜の飼養管理等。日本のAWを国際水準とするためOIEコードに基づき農水省が指針を示すこととした（2022.5）。畜種毎の指針には実施推奨事項（should）と将来的な実施推奨事項（desirable）を明確にし、実施状況をモニタリングして達成年次を設定する。その際、補助事業のクロスコンプライアンス対象とするなどしてAWの普及推進を加速化するとした。

8）韓国では2018年から、台湾では2021年から飼養方法毎の印字が義務づけられた。

9）平飼いの一種としてエイビアリー（止まり木を設置した休息エリア、巣箱を設置した産卵エリア、砂浴びのできる運動エリア等を備えたもの）がある。日本では「平飼い（エイビアリー）」と標記する（鶏卵公正取引協議会、2020.2.4）。エンリッチドケージに近いハイブリッド（コンビネーション）エイビアリーは、英国では平飼いとは認められない（British Lion Eggs、2019.11.1 Press Release）。エンリッチドケージは、止まり木、巣箱、砂浴び場をケージ内に設置し、床面積も広くした改良型ケージ。EUでは2012年以降の最低基準だが、2023年末にケージ使用禁止法案が準備されている。

10）「有機畜産物の日本農林規格」（2021.1.25）。家きんが飼料及び新鮮な水を自由に摂取でき、種の特性及び群の大きさに応じて適切な止まり木等の休息場所を有し、野外の飼育場に自由に出入りさせる、等定められている。

11）JGAP認証は、2021年6月10日現在、畜産223経営取得。乳用牛32、肉用牛65、豚48、採卵鶏48、肉用鶏30。10段以上のウインドレスケージ鶏舎も認証取得。「持続可能性に配慮した鶏卵・鶏肉」JAS規格もアニマルウェルフェア配慮を「飼養管理指針」の「チェックリスト」で実施。

12）この点に関し、当該企業HPから「高床式エイビアリー」の記載は無くなっている。2021年12月鶏卵公正取引協議会（卵公取協）に問い合わせた。当初、卵公取協で当該農場が平飼いであると間接的に確認したとの回答だったが、小売POP写真はエイビアリーに見えることから再度説明を求めたところ、2022年6月に卵公取協による農場確認が行われ結果報告を受けた。報告は、1段平面の上に巣箱が載りその上に止まり木が設置される構造で、平飼いであるとの報告であった。平面床面積に対し鶏の利用可能面積は170％程あるようだった。農水省担当局にエイビアリー定義を問い合わせると、畜産技術協会発行の飼養管理指針にある定義のみとの回答であった。設備メーカーのエ

イビアリーカタログでは、床面積に対し200～300％近いものが多い。だが平面に巣箱が載りその上に止まり木が載るものはエイビアリーと理解できるとの識者意見もある。しかし卵公取協では、住宅のように２階建て３階建て構造をエイビアリーと理解するとの意見だった。このように、アニマルウェルフェアをめぐる議論は言葉・概念・施設等の定義をめぐる困難が存在しており、丁寧な社会的議論の積み重ねが必要である。しかしながら企業の情報公開を求める消費者市民の企業活動チェックの視線が弱いことも事実であり、畜産業の国民理解醸成には、消費者団体による消費者支援が強く求められていることを示す事例である。

13）2021年６月17日、USDAは撤回した規則を再び設ける計画を発表。2022年８月　９　日、National Organic Program; Organic Livestock and Poultry Standards の Proposed Rule が提案され10月11日までコメントが求められている。これは有機家きんの生活条件の規定が提案されている。屋内及び屋外でのスペース要件の規定では、採卵鶏の場合、品種に関係なく、屋内では飼養方式別に、１平方フィート当たり2.25ポンド～4.5ポンドを超えないことが定められている。これは、929.03㎠当たり、1020.6ｇ～2041.2ｇであり、赤玉のボリスブラウン及び白玉のジュリアライトで換算すると１㎡当たりおよそ5.5～12.2羽となる。屋内とは別に屋外も１平方フィート当たり2.25ポンド以上とされているため、１㎡当たりおよそ5.5～6.1羽となる。今回提案で注目されるのは、前回取り下げたとき、「市場の失敗」が無いことを理由の一つとしていたが、今回改めてUSDA・AMS（農業マーケティングサービス）は、有機ラベルに市場の失敗が存在するとした。有機ラベルにおいて、有機生産に使用される動物の屋内外スペース、健康、福祉規定の要求内容について、消費者理解が様々であることを指摘し、その根拠として様々な動物福祉認証ラベルの急増をあげている。有機基準の不在が多様な消費者理解と多様な認証システムに帰結していると判断している。日本でも平飼いは消費者の多様な理解が生じている点で公的基準を検討すべき時期にある。

14）The Cornucopia Institute, Organic Egg Scorecard. 2022.6.

引用・参考文献

Eurogroup for Animals（2020），Amnimal Welfare and food Labeling.
細川幸一（2018）「大学生が知っておきたい消費生活と法律」慶應大学出版会
糸田省吾（1995）『［事例］独占禁止法〔新版〕』青林書院
松本恒雄（2003）「21世紀の消費者政策と食の安全」コープ出版
宮崎達郎（2019）「生協産直の交流・コミュニケーションを改めて考える」『生協研究』2019.6, pp.39-44
内藤恵久（2019）「地理的表示保護制度を巡る国内外の状況」『フードシステム研究』

　通巻80号，pp.51-61

新山陽子(2004)「食品表示の信頼性の制度的枠組み―規制と認証―」新山陽子編『食
　品安全システムの実践理論』昭和堂、2004.3，pp.136-161

消費者庁（2019）「消費者白書　特集消費者庁設立10年」

立川雅司（2018）「選択する消費者、行動する市民―食から社会を変える―」秋津
　ら編著『農と食の新しい倫理』昭和堂，pp.95-112

高橋梯二（2015）「農林水産物・飲食品の地理的表示―地域の産物の価値を高める
　制度利用の手引―」農文協

（大木　茂）

編者・著者一覧

編者　小野　雅之（摂南大学）・横山英信（岩手大学）

序　章　小野　雅之（おの　まさゆき）　摂南大学
第1章　横山　英信（よこやま　ひでのぶ）　岩手大学
第2章　東山　寛（ひがしやま　かん）　北海道大学
第3章　竹島　久美子（たけしま　くみこ）　愛媛大学
第4章　成田　拓未（なりた　たくみ）　弘前大学
第5章　伊藤　亮司（いとう　りょうじ）　新潟大学
第6章　坂井　教郎（さかい　のりお）　鹿児島大学
第7章　細野　賢治（ほその　けんじ）　広島大学
第8章　清水池　義治（しみずいけ　よしはる）　北海道大学
第9章　副島　久実（そえじま　くみ）　摂南大学
第10章　矢野　泉（やの　いずみ）　広島修道大学
第11章　大木　茂（おおき　しげる）　麻布大学

講座　これからの食料・農業市場学　第2巻

農政の展開と食料・農業市場

2022年11月28日　第1版第1刷発行

　　　編　者　小野　雅之・横山　英信
　　　発行者　鶴見　治彦
　　　発行所　筑波書房
　　　　　　　東京都新宿区神楽坂2－16－5
　　　　　　　〒162－0825
　　　　　　　電話03（3267）8599
　　　　　　　郵便振替00150－3－39715
　　　　　　　http：//www.tsukuba-shobo.co.jp

　定価はカバーに示してあります

　印刷／製本　平河工業社
　©2022 Printed in Japan
　ISBN978-4-8119-0638-6 C3061